U0330811

高等学校土木工程学科专业指导委员会规划教材

（按高等学校土木工程本科指导性专业规范编写）

混凝土结构设计

（建筑工程专业方向适用）

主编　金伟良

主审　梁兴文

中国建筑工业出版社

图书在版编目(CIP)数据

混凝土结构设计/金伟良主编. —北京：中国建筑工
业出版社，2014.11

高等学校土木工程学科专业指导委员会规划教材
（建筑工程专业方向适用）

ISBN 978-7-112-17575-8

Ⅰ.①混… Ⅱ.①金… Ⅲ.①混凝土结构-结构设
计-高等学校-教材 Ⅳ.①TU370.4

中国版本图书馆 CIP 数据核字(2014)第 282375 号

混凝土结构是高等学校土木工程专业建筑工程方向的专业主干课程。本教材主要介绍混凝土结构体系与概念设计，梁板结构设计，单层厂房及混凝土结构修复、加固。本教材按照《高等学校土木工程本科指导性专业规范》和现行国家标准《混凝土结构设计规范》GB 50010—2010、《建筑结构荷载规范》GB 50009—2012、《建筑地基基础设计规范》GB 50007—2011、《单层工业厂房设计示例（一）》09SG117-1、《混凝土结构加固设计规范》GB 50367—2013 等进行编写，便于在校大学生走上工作岗位后能更快地适应实际工程的设计和施工工作。

本书可作为高等学校土木工程专业的教材，也可供从事混凝土结构设计与施工的工程技术人员参考使用。

责任编辑：王　跃　吉万旺
责任设计：陈　旭
责任校对：李欣慰　关　健

高等学校土木工程学科专业指导委员会规划教材
（按高等学校土木工程本科指导性专业规范编写）

混凝土结构设计
（建筑工程专业方向适用）
主编　金伟良
主审　梁兴文

*

中国建筑工业出版社出版、发行(北京西郊百万庄)

各地新华书店、建筑书店经销

北京科地亚盟排版公司制版

环球印刷（北京）有限公司印刷

*

开本：787×1092 毫米　1/16　印张：10½　字数：208 千字
2015 年 2 月第一版　2015 年 2 月第一次印刷
定价：**25.00** 元
ISBN 978-7-112-17575-8
(26784)

本系列教材编审委员会名单

主　　　任： 李国强

常务副主任： 何若全　沈元勤　高延伟

副　主　任： 叶列平　郑健龙　高　波　魏庆朝　咸大庆

委　　　员： (按拼音排序)

　　　　　　陈昌富　陈德伟　丁南宏　高　辉　高　亮　桂　岚
　　　　　　何　川　黄晓明　金伟良　李　诚　李传习　李宏男
　　　　　　李建峰　刘建坤　刘泉声　刘伟军　罗晓辉　沈明荣
　　　　　　宋玉香　王　跃　王连俊　武　贵　肖　宏　徐　蓉
　　　　　　徐秀丽　许　明　许建聪　杨伟军　易思蓉　于安林
　　　　　　岳祖润　赵宪忠

组 织 单 位： 高等学校土木工程学科专业指导委员会
　　　　　　中国建筑工业出版社

出 版 说 明

近年来，高等学校土木工程学科专业教学指导委员会根据其研究、指导、咨询、服务的宗旨，在全国开展了土木工程学科教育教学情况的调研。结果显示，全国土木工程教育情况在 2000 年以后发生了很大变化，主要表现在：一是教学规模不断扩大，据统计，目前我国有超过 400 余所院校开设了土木工程专业，有一半以上是 2000 年以后才开设此专业的，大众化教育面临许多新的形势和任务；二是学生的就业岗位发生了很大变化，土木工程专业本科毕业生中 90％以上在施工、监理、管理等部门就业，在高等院校、研究设计单位工作的本科生越来越少；三是由于用人单位性质不同、规模不同、毕业生岗位不同，多样化人才的需求愈加明显。土木工程专业教指委根据教育部印发的《高等学校理工科本科指导性专业规范研制要求》，在住房和城乡建设部的统一部署下，开展了专业规范的研制工作，并于 2011 年由中国建筑工业出版社正式出版了土建学科各专业第一本专业规范——《高等学校土木工程本科指导性专业规范》。为紧密结合此次专业规范的实施，土木工程教指委组织全国优秀作者按照专业规范编写了《高等学校土木工程学科专业指导委员会规划教材（专业基础课）》。本套专业基础课教材共 20 本，已于 2012 年底前全部出版。教材的内容满足了建筑工程、道路与桥梁工程、地下工程和铁道工程四个主要专业方向核心知识（专业基础必需知识）的基本需求，为后续专业方向的知识扩展奠定了一个很好的基础。

为更好地宣传、贯彻专业规范精神，土木工程教指委组织专家于 2012 年在全国二十多个省、市开展了专业规范宣讲活动，并组织开展了按照专业规范编写《高等学校土木工程学科专业指导委员会规划教材（专业课）》的工作。教指委安排了叶列平、郑健龙、高波和魏庆朝四位委员分别担任建筑工程、道路与桥梁工程、地下工程和铁道工程四个专业方向教材编写的牵头人。于 2012 年 12 月在长沙理工大学召开了本套教材的编写工作会议。会议对主编提交的编写大纲进行了充分的讨论，为与先期出版的专业基础课教材更好地衔接，要求每本教材主编充分了解前期已经出版的 20 种专业基础课教材的主要内容和特色，与之合理衔接与配套、共同反映专业规范的内涵和实质。此次共规划了四个专业方向 29 种专业课教材。为保证教材质量，系列教材编审委员会邀请了相关领域专家对每本教材进行审稿。

本系列规划教材贯彻了专业规范的有关要求，对土木工程专业教学的改革和实践具有较强的指导性。在本系列规划教材的编写过程中得到了住房和城乡建设部人事司及主编所在学校和单位的大力支持，在此一并表示感谢。希望使用本系列规划教材的广大读者提出宝贵意见和建议，以便我们在重印再版时得以改进和完善。

高等学校土木工程学科专业指导委员会
中国建筑工业出版社
2014 年 4 月

前　言

本教材系根据全国高等学校土木工程学科专业指导委员会审定的教学大纲要求编写，主要介绍：混凝土结构体系与设计概念、混凝土梁板结构设计、单层混凝土排架厂房设计及混凝土结构修复及加固方法。教材根据现行规范《混凝土结构设计规范》GB 50010—2010、《建筑结构荷载规范》GB 50009—2012、《建筑地基基础设计规范》GB 50007—2011、《单层工业厂房设计示例（一）》09SG117-1、《混凝土结构加固设计规范》GB 50367—2013 等规范进行编写，便于在校大学生走上工作岗位后能更快地适应实际工程的设计和施工工作。本书也可作为工程技术人员的参考资料。

参加本书编写的人员有：金伟良、岳增国（第 1 章）、陈驹（第 2 章）、赵羽习（第 3 章）、张大伟（第 4 章）。书中不妥与错误之处，恳请读者批评指正。

目　　录

第1章
混凝土结构体系与概念设计

本章知识点

知识点：混凝土结构设计的基本程序、混凝土结构的基本构件、组成、混凝土结构体系的基本类型及其选择、混凝土结构全寿命概念设计、混凝土结构防倒塌概念设计。

重点：混凝土结构体系的基本类型及其特点，结构体系选择遵循的基本原则。

难点：结构形式与破坏模式、刚度分布、跨度、高度等之间的关系。

混凝土结构是建筑物中由混凝土为主要材料做成用来承受各种荷载或者作用，以起骨架作用的空间受力体系，形成人们活动所需的安全、舒适、耐久、美观、稳定的空间，包括素混凝土结构、钢筋混凝土结构、预应力混凝土结构及配置各种纤维筋的混凝土结构等。

建筑工程设计是指建筑物在建造之前，设计者按照建设任务，应用设计工具、依据设计规范和标准、考虑限制条件，把施工过程和使用过程中所存在的或可能发生的问题，事先做好通盘的设想，拟定好解决这些问题的办法、方案，并用图纸和文件表达出来的过程。混凝土结构设计是建筑工程设计中的一个重要内容，其基本任务是在结构的可靠与经济之间选择一种合理的平衡，力求以最低的代价，使所建造的结构在规定的条件和规定的使用期限内，能满足预定的安全性、适用性和耐久性等功能要求。

1.1 混凝土结构设计过程

1.1.1 混凝土结构设计一般程序

混凝土结构设计一般分三个阶段，即初步设计阶段、技术设计阶段和施工图设计阶段，如图 1-1 所示。

对一般单项建筑工程项目，首先由建筑专业提出较成熟的初步建筑设计方案，结构专业根据建筑方案进行结构选型和结构布置，并确定相关结构尺寸，对建筑方案提出必要的修正；然后，建筑专业根据修改后的建筑方案进行建筑施工图设计，结构专业根据修改后的建筑方案和结构方案进行荷载计

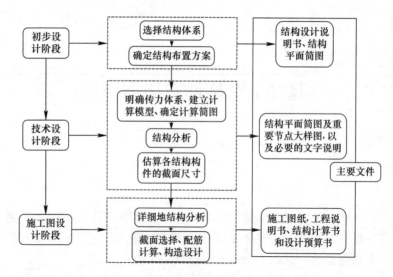

图 1-1 混凝土结构设计一般程序流程图

算、内力分析、截面设计和构造设计，并绘制结构施工图。

1. 初步设计阶段（preliminary design phase）

在初步设计阶段，结构设计人员要根据建筑设计方案提供结构方案，使结构体系和建筑方案协调统一。该阶段的主要任务是确定结构总体系的布置方案，估算结构所受的荷载、地基承受的总荷载、结构的总承载力，验算总体结构的高宽比和倾覆问题，初步估算房屋的总体变形。通过初步设计阶段保证总体结构稳定可靠，结构合理，总体变形控制在允许范围内。

在初步设计阶段，结构设计文件的主要内容是编制结构设计说明书和结构平面简图等。其中，结构设计说明书包括设计依据、结构设计要点和需要说明的问题等，提出具体的地基处理方案，选定主要结构材料和构件标准图等。设计依据应阐述建筑所在地域、地界、有关自然条件、抗震设防烈度、工程地质概况等；结构设计要点应包括上部结构选型、基础选型、人防结构及抗震设计初步方案等；需要说明的其他问题是指对工艺的特殊要求、与相邻建筑物的关系、基坑特征及防护等。结构平面简图应标出柱网、剪力墙、沉降缝等。

2. 技术设计阶段（Technical design phase）

技术设计是对初步设计方案的完善和深化。该阶段结构设计的主要内容为给出结构布置图，进行结构内力分析，初步估算各结构构件的截面尺寸，从而确定结构受力体系和主要技术参数。

在技术设计阶段，结构工程师通过计算初步确定主要构件（梁、柱、墙等）的截面和配筋；绘出结构平面简图及重要节点大样图以及必要的文字说明，写明对地质勘探、施工条件及主要材料等方面的特殊要求。

3. 施工图设计阶段（working drawing design phase）

施工图设计是项目施工前最重要的一个设计阶段。此阶段混凝土结构设计的主要任务是进行详细的结构分析、截面选择、配筋计算以及有关的构造设计，以保证结构构件有足够的承载力和刚度，考虑结构连接等细节设计以保证各结构构件间有可靠联系，使之组成可靠的结构体系，最后给出可供实际施工的图纸。

施工图设计阶段的设计文件包括建筑、结构、设备等工种的全部施工图纸，工程说明书、结构计算书和设计预算书。

1.1.2 混凝土结构设计内容

混凝土结构设计的基本内容主要包括四个部分，依次是结构方案设计、结构分析、构件设计和施工图绘制。

1. 结构方案设计

结构方案设计主要是配合建筑设计的功能和造型要求，结合所选结构材料的特性，从结构受力、安全、经济以及地基基础和抗震等条件出发，综合确定合理的结构形式。结构方案应在满足适用性的条件下，符合受力合理、技术可行和尽可能经济的原则。无论是初步设计阶段，还是技术设计阶段，结构方案设计都是结构设计中最重要的一项工作，也是结构设计成败的关键。初步设计阶段和技术设计阶段的结构方案，所考虑的问题是相同的，只不过是随着设计阶段的深入结构方案的成熟程度不同而已。

结构方案设计包括结构选型、结构布置和主要构件的截面尺寸估算等内容。

（1）结构选型。在收集基本资料和数据（如地理位置、功能要求、荷载状况、地基承载力等）的基础上，选择结构方案——主要包括确定结构形式、结构体系和施工方案。对钢筋混凝土建筑，结构方案设计包括确定上部主要承重结构、楼（屋）盖结构和基础的形式及其结构布置，并对结构主要构造措施和特殊部位进行处理。进行结构选型的原则是满足建筑特点、使用功能的要求，受力合理，技术可行，并尽可能达到经济技术指标先进。对于有抗震设防要求的工程，要充分体现抗震概念设计思想。

（2）结构布置。主要包括定位轴线、构件布置和变形缝的设置。定位轴线一般由横向定位轴线和纵向定位轴线组成，用来确定各构件的水平位置；构件布置就是要确定构件的平面位置和竖向位置，平面位置通过与定位轴线的相对关系确定，竖向位置由标高来确定，标高有建筑标高和结构标高两种，建筑标高是指建筑物建造完毕后应有的标高，结构标高是指结构构件表面的标高，指建筑标高扣除建筑构造层厚度后的标高；变形缝包括伸缩缝、沉降缝和防震缝三种，不同的结构类型和结构体系以及建筑构造做法，变形缝的设置和要求不同。确定了结构布置也就确定了结构的计算简图，确定了各种荷载的传递路径。结构布置是否合理，将影响结构的性能。

（3）构件截面尺寸的估算。按规范要求选定合适等级的材料，并按各项使用要求初步确定构件尺寸。结构构件的尺寸可用估算法或凭工程经验定出，也可参考有关手册，但应满足规范要求。水平构件的截面尺寸一般根据刚度和稳定条件，利用经验公式确定；竖向构件的截面尺寸一般根据侧移（或侧移刚度）和轴压比的限值来计算。

2. 结构分析

结构分析是指结构在各种作用下的内力和变形等作用效应分析，其核心问题是确定结构计算模型，包括确定结构力学模型、计算简图和采用的计算方法。

计算简图是进行结构分析时用以代表实际结构的经过简化的模型，是结构分析的基础。确定计算简图时应分清主次，抓住本质和主流，略去不重要的细节，使计算简图既能反映结构的实际工作性能，又便于计算。计算简图确定后，应采取适当的构造措施使实际结构尽量符合计算简图的特点。一般来说，结构越重要，选取的计算简图应越精确；施工图设计阶段的计算简图应比初步设计阶段精确；静力计算可选择较复杂的计算简图，动力和稳定计算可选择较简略的计算简图。

荷载计算：根据使用功能要求和工程所在地区的抗震设防等级确定永久荷载、可变荷载（楼、屋面活荷载，风荷载等）以及地震作用。

内力分析及组合：计算各种荷载下结构的内力，在此基础上进行内力组合。各种荷载同时出现的可能性是多样的，而且活荷载位置是可能变化的，因此结构承受的荷载以及相应的内力情况也是多样的，这些应该用内力组合来表达。内力组合即所述荷载效应组合，在其中求出截面的最不利内力组合值作为极限状态设计计算承载能力、变形、裂缝等的依据。

3. 构件设计

对钢筋混凝土构件，根据结构内力分析结果，选取对配筋起控制作用的截面作为控制截面进行不利内力组合，选取最不利内力进行截面的配筋计算，且应满足构造要求。实际工程中，有时须经多次调整或修改使构件设计逐渐完善合理。

结构构件设计：采用不同结构材料的建筑结构，应按相应的设计规范计算结构构件控制截面的承载力，必要时应验算位移、变形、裂缝以及振动等的限值要求。所谓控制截面是指构件中内力最不利的截面、尺寸改变处的截面以及材料用量改变处的截面等。

构造设计：构造设计主要是根据结构布置和抗震设防要求确定结构整体及各部分的连接构造。各类建筑结构设计的相当一部分内容尚无法通过计算确定，可采取构造措施进行设计。大量工程实践经验表明，每项构造措施都有其作用原理和效果，因此构造设计是十分重要的设计工作。

4. 施工图绘制

施工图是全部设计工作的最后成果，是进行施工的主要依据，是设计意图的最准确、最完整的体现，是保证工程质量的重要环节。结构施工图编号前一般冠以"结施"字样，其绘制应遵守一般的制图规定和要求，并应注意以下事项：

（1）图纸应按以下内容和顺序编号：结构设计总说明、基础平面图及剖面图、楼盖平面图、屋盖平面图、梁和柱等构件详图、楼梯平剖面图等。

（2）结构设计总说明，一般是说明图纸中一些共同的问题和要求以及难以表达的内容，如材料质量要求、施工注意事项和主要质量标准等；对局部问题的说明可分别放在有关图纸的边角处。

（3）楼盖、屋盖结构平面图应分层绘制，应准确标明各构件关系及轴线或柱网尺寸、孔洞及埋件的位置及尺寸；应准确标注梁、柱、剪力墙、楼梯等和纵横轴线的位置关系以及板的规格、数量和布置方法，同时应表示出墙厚和构造做法；构件代号一般应以构件名称的汉语拼音的第一个大写字母作为标志；如选用标准构件，其构件代号应与标准图一致，并注明标准图集的编号和页码。

（4）基础平面图的内容和要求基本同楼盖平面图，尚应绘制基础剖面大样及注明基底标高，钢筋混凝土基础应画出模板图及配筋图。

（5）梁、板、柱、剪力墙等构件施工详图应分类集中绘制，对各构件应把钢筋规格、形状、位置、数量表示清楚，钢筋编号不能重复，用料规格应用文字说明，对标高尺寸应逐个构件标明，对预制构件应标明数量、所选用标准图集的编号；复杂外形的构件应绘出模板图，并标注预埋件、预留洞等；大样图可索引标准图集。

（6）绘图的依据是计算结果和构造规定，同时应充分发挥设计者的创造性，力求简明清楚，图纸数量少；且不能与计算结果和构造规定相抵触。

另外，在实际工作中，随着设计的不断细化，结构布置、材料选用、构件尺寸等都不可避免地要作调整。如果变化较大时，应重新计算荷载和内力、内力组合以及承载力，验算正常使用极限状态的要求。

1.2 混凝土结构的构成

1.2.1 混凝土结构的基本构件类型

常用的混凝土结构基本构件有以下 7 种类型：

1. 梁

（1）梁的特点

梁一般指承受垂直于其纵轴方向荷载的线形构件，它的截面尺寸小于其跨度。如果荷载重心作用在梁的纵轴平面内，该梁只承受弯矩和剪力，否则还受有扭矩。如果荷载所在平面与梁的纵对称轴面斜交或正交，该梁处于双向受弯、受剪状态，甚至还可能同时受扭矩作用。

（2）梁的分类

混凝土梁按梁的几何形状划分，可以有水平直梁、斜直梁、曲梁、空间曲梁（螺旋形梁）等；按梁的截面形状划分，可以有矩形、T 形、L 形、工字形、槽形、箱形等；按梁的受力特点划分，可以有简支梁、伸臂梁、悬臂梁、两端固定梁、一端简支另一端固定梁、连续梁等；按梁的配筋类型划分，可以有钢筋混凝土梁、预应力混凝土梁等。

梁的高跨比一般为 $1/16\sim1/8$，悬臂梁要高达 $1/6\sim1/5$，预应力混凝土梁可小至 $1/25\sim1/20$。高跨比大于 $1/4$ 的梁称为深梁。

2. 柱

（1）柱的特点

柱是承受平行于其纵轴方向荷载的线形构件，它的截面尺寸小于它的高度，一般以受压和受弯为主，故柱也称压弯构件。常用作楼盖的支柱、桥墩、基础柱、塔架和桁架的压杆。

（2）柱的分类

混凝土柱按柱的截面形状划分，可以分为方形柱、矩形柱、圆形柱、薄壁工形柱、空腹格构式双肢柱等；按柱的受力特点划分，可以分为轴心受压柱和偏心受压柱两种；按柱的配筋方式划分，可以分为普通钢箍柱、螺旋形钢箍柱和劲性钢筋柱。

3. 框架

（1）框架的特点

框架是由横梁和立柱联合组成能同时承受竖向荷载和水平荷载的结构构件，横梁和立柱之间连接又分为刚性连接和铰支承连接。在一般建筑物中，框架的横梁和立柱都是刚性连接，它们间的夹角在受力前后是不变的，框架在承受竖向和水平荷载时，梁、柱既受轴力又受弯曲和剪切。在单层厂房中，由横梁和立柱刚性连接的框架也称刚接排架；横梁和立柱间用铰支承连接的框架则称铰接排架，简称排架。

（2）框架的分类

按跨数、层数和立面构成划分，可以分为单跨、多跨框架，单层、多层框架，以及对称、不对称框架，单跨对称框架又称门式框架；按框架的受力特点划分，若框架的各构件轴线处于一平面内的称平面框架，若不在同一平面内的称空间框架，空间框架也可由平面框架组成；按框架的配筋类型划分，有钢筋混凝土框架、预应力混凝土框架和劲性钢筋混凝土框架等。

4. 墙

（1）墙的特点

墙主要是承受平行于墙面方向荷载的竖向构件。它在重力和竖向荷载作用下主要承受压力，有时也承受弯矩和剪力；但在风、地震等水平荷载作用下或土压力、水压力等水平力作用下则主要承受剪力和弯矩。

（2）墙的分类

混凝土墙按其形状划分，可以有平面形墙、筒体墙、曲面形墙、折线形墙；按其受力类型划分，有以承受重力为主的承重墙、以承受风力或地震产生的水平力为主的剪力墙，而承重墙多用于单、多层建筑，剪力墙则多用于多、高层建筑；按位置或功能划分，可以有内墙、外墙、纵墙、横墙、山墙、女儿墙、挡土墙以及隔断墙、耐火墙、屏蔽墙、隔声墙等。

5. 板

（1）板的特点

板是覆盖一个具有较大平面尺寸，但却具有相对较小厚度的平面形结构构件。它通常水平设置，承受垂直于板面方向的荷载，受力以弯矩、剪力、扭矩为主，但在结构计算中剪力和扭矩往往可以忽略。

（2）板的分类

混凝土板按其平面形状划分，可以分为方形、矩形、圆形、扇形、三角形、梯形和各种异形板等；按其截面形状划分，分为实心板、空心板、槽形板、T形板、密肋板、压型钢板、叠合板等；按其受力特点划分，有单向板、双向板，按支承条件又可分为四边支承、三边支承、两边支承、边支承和4角点支承，按支承边的约束条件还可分为简支边、固定边、连续边、自由边板；按所用材料划分，可分为钢筋混凝土板、预应力混凝土板等。

6. 桁架

（1）桁架的特点

桁架是由若干直杆组成的一般具有三角形区格的平面或空间承重结构构件。它在竖向和水平荷载作用下各杆件主要承受轴向拉力或轴向压力，从而能充分利用材料的强度；钢筋混凝土桁架多用于屋架、塔架，有时也用于栈桥和吊车梁。由于钢筋混凝土桁架的拉杆在使用荷载下常出现裂缝，因而仅用于荷载较轻和跨度不大的桁架。

（2）桁架的分类

混凝土桁架按其立面形状分，有三角形、梯形、多边形或折线形和平行弦桁架。此外，也常采用无斜腹杆的空腹桁架；按所用材料分，有钢筋混凝土桁架、预应力混凝土桁架等。

7. 拱

（1）拱的特点

拱是由曲线形或折线形平面杆件组成的平面结构构件，含拱圈和支座两部分。拱因在荷载作用下主要承受轴向压力，支座可做成能承受竖向和水平反力以及弯矩的支墩，也可用拉杆来承受水平推力。由于拱圈主要承受轴向压力，与同跨度同荷载的梁相比，能节省材料，提高刚度，跨越较大空间。

（2）拱的分类

按拱轴线的外形划分，有圆弧拱、抛物线拱、悬链线拱、折线拱等；按拱圈截面划分，有实体拱、箱形拱、管状截面拱、桁架拱等；按受力特点划分，有三铰拱、两铰拱、无铰拱等；而按所用材料分，有钢筋混凝土拱、预应力混凝土拱等。

1.2.2　混凝土结构的基本构成

结构是由构件经过稳固的连接而形成的，构件是结构直接承担荷载的部分，连接可以将构件所承担的荷载传递到其他构件上，并进而传递到结构基础上。

从一般的建筑来理解，结构有以下几个特定的组成部分：

7

1. 形成跨度的构件与结构

建筑物内部要形成必要的使用空间，跨度是必不可少的尺度要求，没有跨度不可能形成内部的空间；没有跨度构件，各种跨度以上的垂直重力荷载或不可能传至地面。

常见的跨度构件是梁，有了梁的作用，既可以保证梁下部的空间，又可以在其上部形成平面，从而可以形成第二层的人工空间。梁是轴线尺度远远大于截面尺度的构件，在计算时可以将其简化为截面尺度为零的构件，侧向正交力是梁的基本受力特征，弯曲是梁的基本变形特征。板是梁水平侧向尺度的变异性构件，其原理、作用与梁基本相同，只是由于板的尺度与约束共同作用，体现出明显的空间特征时，其计算原理会稍有变化。

桁架、拱属于特殊的形成跨度的构件与结构，这些结构与构件不是以受弯为基本特征的。在大跨度结构中，梁的弯曲效应十分巨大，对于结构非常不利，因此大多采用桁架、拱等结构形式。

2. 垂直传力的构件与结构

当跨度构件形成空间并承担相应的重力荷载时，跨度构件的两端必然形成对于其他构件向下的压力作用，这种压力作用需要有其他的构件承担并传递至地面；同时，任何空间都需要高度方向的尺度，必须有相应的构件形成这种高度要求，这就是垂直传力构件或结构。

常见的垂直传力构件或结构是柱，柱的顶端是梁，梁将其承担的垂直作用传给柱；柱的下部是基础，将作用传递至地面。当然，柱的下部也可以是柱，从而形成多层建筑。在特殊的情况下，柱的下部也可以是梁，一般称之为托梁，托梁将其上柱的垂直力向梁的两端分解传递。

柱的轴线尺度也远远大于截面尺度，在计算时也可以将其简化为截面尺度为零的杆件，轴向力是柱的基本受力特征，同时由于轴向力的偏心影响，柱也可以同时受弯。墙是柱水平侧向尺度的变异性构件，其原理、作用与柱基本相同，但是由于墙侧向尺度的影响，使其侧向尺度方向的刚度也较大，从而具有良好的抵抗侧向变形的能力，这是柱并不具备的。

3. 抵抗侧向力的构件与结构

建筑物内部要有相应的构件或结构，来抵抗侧向力或者作用。常见的抵抗侧向力的构件是墙，由于侧向尺度较大，墙的侧向刚度也较大，抗侧移能力较强，可以有效抵御侧向变形与荷载，更重要的是墙可以直接与地面相连接，从而使建筑物形成整体的刚度空间。

楼板的侧向刚度也较大，但板并不直接与地面相连，板只能够将建筑物在板所在的平面内形成刚性连接体，而不能如墙一样使建筑物不同层间形成刚度。

除了墙以外，柱与柱之间可以利用支撑来形成抵抗侧向变形的结构，其作用与墙是相同的。

基础是结构的最下部，是将建筑物上部的各种荷载与作用传递至地面的重要部分。由于建筑物所承受的各种荷载与作用，基础也要承担垂直力、水平侧向力、弯曲作用等复杂的作用。基础必须向地面以下埋置一定的深度，以确保建筑物的整体稳定性。但有时由于建筑物埋置深度较深，而建筑物本身自重并不大，地下水可能将建筑物浮起来，如地下车库，因此需要基础具有抗浮（拔）功能。

并不是建筑物地面以下的部分都是基础，大多数情况下，地下空间并不是基础，可以列为结构的一部分。只有当地下空间必须依靠整体作用，才能形成所必需的作为基础的功能时，地面以下才全部属于基础，这种基础通常称为箱形基础。其他常见的基础有桩、筏板、梁、墩台、独立基础等，一般是根据其形状与受力原理进行分类的。

地基是基础以下的持力土层或岩层，是上部荷载最终的承接者。因此，地基必须有足够的强度、刚度与稳定性。所谓强度，是地基不能受压破坏；所谓刚度，是地基的岩层与土层的压缩性不能超过相应的要求，尤其是不均匀的变形，这会导致建筑物的倾斜和裂缝；而稳定性是地基不能够发生滑移与倾覆等整体性的破坏。

1.3　混凝土结构体系的基本类型

建筑结构是由许多结构构件组成的一个系统，其中主要的受力系统称为结构总体系。结构总体系由基本水平分体系、基本竖向分体系以及基础体系三部分组成。

基本水平分体系一般由板、梁、桁（网）架组成。基本水平分体系也称楼（屋）盖体系，其作用为：（1）在竖向，承受楼面或屋面的竖向荷载，并把它传给竖向分体系；（2）在水平方向，起隔板和支承竖向构件的作用，并保持竖向构件的稳定。

基本竖向分体系一般由柱、墙、筒体组成。其作用为：（1）在竖向，承受由水平体系传来的全部荷载，并把它传给基础体系；（2）在水平方向，抵抗水平作用力如风荷载、水平地震作用等，也把它们传给基础体系。

基础体系一般由独立基础、条形基础、交叉基础、片筏基础、箱形基础以及桩、沉井组成。其作用为：（1）把上述两类分体系传来的重力荷载全部传给地基；（2）承受地面以上的结构传来的水平作用力，并把它们传给地基；（3）限制整个结构的沉降，避免不允许的不均匀沉降和结构的滑移。

基础的形式和体系要按照建筑物所在场地的土质和地下水的实际情况进行选择和设计。

根据承重体系的不同，混凝土结构可以分为梁板结构、排架结构、框架结构、剪力墙结构、框架-剪力墙结构、筒体结构、框架-核心筒结构体系等，各体系的特点如下所述。

1.3.1　梁板结构

梁板结构是由梁和板组成的水平承重结构体系，其支承体系一般由柱或墙等竖向构件组成。梁板结构在工程中应用广泛，如房屋建筑中的楼盖、楼梯、雨篷、筏板基础等，桥梁工程中的桥面结构等。

钢筋混凝土梁板结构主要用于楼盖（屋盖）结构中。钢筋混凝土楼盖按其施工方法，可以分为现浇、装配和装配整体式三种形式。常用的钢筋混凝土楼盖按其楼板的支承受力条件不同又可分为肋梁楼盖、密肋楼盖和无梁楼盖。

楼盖结构首先用来承受作用在其上的使用荷载和结构自重。同时，它还承受作用在房屋上的水平荷载，由它作为水平深梁，并具有足够的刚度，将水平荷载分配到房屋结构的竖向构件墙和柱上。另外，楼盖结构作为水平构件，还与墙柱形成房屋的空间结构来抵抗地基可能出现的不均匀沉降和温差引起的附加内力。

房屋的高度超过 50m 时，宜采用现浇楼面结构，框架-剪力墙结构应优先采用现浇楼盖结构。

楼盖结构在房屋结构中所用材料的比例较大。特别是多层和高层房屋中，它是重复使用的构件，所以楼盖结构经济合理与否，影响较大。混合结构建筑的用钢量主要在楼盖中，6～12 层的框架结构建筑，楼盖的用钢量也要占全部用钢量的 50％左右。因此，选择和布置合理的楼盖形式对建筑的使用、经济、美观有着重要的意义。

1.3.2　框架结构体系

框架结构是由梁、柱构件组成的结构，梁柱之间的连接为刚性连接。如果整幢房屋均采用这种结构形式，则称之为框架结构体系或纯框架结构。框架结构的优点是建筑平面布置灵活，能获得较大的空间，特别适用于较大的会议室、商场、餐厅、教室等。也可根据需要隔成小房间。

框架柱的截面多为矩形，其截面边长一般大于墙厚，室内出现棱角，影响房间的使用功能和建筑观瞻。为了改善结构的使用功能，常将柱的截面变异成 L 形，T 形、十字形或 Z 字形，使柱的截面宽度和填充墙厚度相同，采用此类柱截面的框架结构体系称之为异形柱框架结构体系。

框架结构在水平力的作用下会产生内力和变形。其侧移由两部分组成（如图 1-2 所示）：第一部分侧移由梁、柱构件的弯曲变形所引起。框架下部梁、柱的内力较大，层间变形也大，愈到上部，层间变形愈小，使整个结构呈现出剪切型变形。第二部分侧移由框架柱的轴向变形所引起。水平力的作用使一侧柱拉伸，另一侧柱压缩，使结构出现侧移。这种侧移在上部楼层较大，愈到结构底部，层间变形愈小，使整个结构呈现弯曲型变形。框架结构

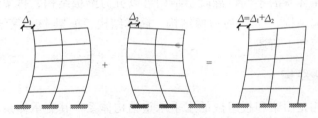

图 1-2　框架侧向变形

的第一部分侧移是主要的，框架整体表现为剪切型变形特征。当框架结构的层数较多时，第二部分侧移的影响应予以考虑。

框架的侧向刚度主要取决于梁、柱的截面尺寸。而梁、柱截面的惯性矩通常较小，因此其侧向刚度较小，侧向变形较大，在地震区，容易引起填充墙等非结构构件的破坏，这就使得框架结构不能建得很高，以15~20层以下为宜。

1.3.3　排架结构

排架结构一般为单层建筑物，其柱与基础、屋架，梁与柱子之间的连接在结构上称为铰接。应用排架结构最为常见的建筑物是单层工业厂房，但是在许多民用建筑中，如影剧院、菜市场、仓库等也可以采用排架结构。

排架结构由三个主要部分组成：形成跨度的屋面结构、竖向支撑结构、基础结构。在计算中，要进行以下前提假设：基础与柱之间为刚性连接，柱顶端与屋架之间为铰接，屋面结构的刚度为无穷大，没有轴向变形。在设计中，要做好各种构造措施以保证这种前提假设的实现。

排架结构属于平面超静定结构，但与框架相比，超静定次数较少，手工计算较为容易。排架计算一般采用剪力分配法。在排架结构的计算过程中，选择横向为计算方向，选择相邻柱距的中心线为分界线，建立计算单元，包括屋面体系、柱和基础，计算单元原则上只承担该单元内的各种荷载作用，如图1-3所示。

由于排架结构跨度较大，为减轻屋面结构的重量，采用钢筋混凝土屋面梁的排架结构跨度多在15m以下。

屋架之间搭设屋面板，为了保证屋面结构的整体刚度，屋面板多数采用重型结构，如大型预应力混凝土屋面板。有时也采用轻型屋面结构，

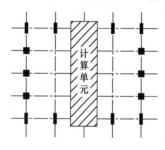

图1-3　排架计算单元

以檩条连接屋架，在檩条之上放置小型屋面板或轻型板。同时为了保证屋面体系的刚度，屋架之间还要设置各种支撑，通常包括上、下弦水平支撑、垂直支撑及纵向水平系杆。

排架结构的柱截面可以采用多种形式，但不论哪种形式，在建筑跨度方向上的尺度均应大于长度方面的尺度。目前常用的有实腹矩形柱、工字形柱、双肢柱等。实腹矩形柱的外形简单，施工方便，但混凝土用量多，经济指标较差。

1.3.4　剪力墙结构体系

用钢筋混凝土墙抵抗竖向荷载和水平力的结构称为剪力墙结构。剪力墙墙体同时也作为房间维护和分隔的构件。

剪力墙在荷载作用下，各截面将产生轴力、弯矩和剪力，并引起侧向变形。当高宽比较大时，剪力墙为一个受弯为主的悬臂墙，其侧向变形呈弯曲

型，即层间位移由下至上逐渐增大。

钢筋混凝土剪力墙结构的整体性好，抗侧刚度大，承载力大，在水平力作用下侧移小。经过合理设计，能设计成抗震性能好的钢筋混凝土延性剪力墙，由于它变形小且有一定延性，在历次大地震中，剪力墙结构破坏较少，表现出令人满意的抗震性能。

钢筋混凝土剪力墙结构中，剪力墙的高度与整个房屋高度相同，高达几十米甚至上百米。受楼板跨度的限制，剪力墙的间距小，一般为 3~8m，平面布置不灵活、建筑空间受到限制是它的主要缺点。因此，它只适用于住宅、旅馆等建筑。由于自重大，刚度大，使剪力墙结构的基本周期短，地震惯性力较大。

为了扩大剪力墙结构的应用范围，在城市临街建筑中，可将剪力墙结构房屋的底层或底部几层做成框架，形成框支剪力墙。框支层空间大，可用作餐厅、商店等，上部剪力墙结构可作为住宅、宾馆等，这样就具有良好的使用性能。但是，框支剪力墙的下部为框支柱，与上部剪力墙的刚度相差悬殊，在地震作用下，框支层将产生很大的侧向变形，造成框支层破坏，甚至引起整栋房屋倒塌。因此，在地震区不允许采用底层或底部若干层全部为框架的框支剪力墙结构。为了改善这种结构的抗震性能，可以采用部分剪力墙落地、部分剪力墙由框架支承的部分框支剪力墙结构。由于有一定数量的剪力墙落地，通过设置转换层将不落地的剪力墙的剪力转移到落地剪力墙，以减小由于框支层刚度和承载力的突然变小造成的对结构抗震性能的不利影响。

在底部大空间剪力墙结构中，应采取措施加大底部大空间的刚度，如将剪力墙布置在结构平面的两端或中部，并将落地的纵、横向墙围成筒体。另外，还应加大落地墙体的厚度，适当提高混凝土的强度等，使整个结构的上、下部的侧向刚度差别较小。

短肢剪力墙是指墙肢的截面高度与宽度之比介于 5~8 的剪力墙。短肢剪力墙结构有利于住宅建筑平面的布置和减轻结构自重，但是由于短肢剪力墙的抗震性能与一般剪力墙（墙肢截面高度与宽度之比大于 8）相比较差，因此在高层建筑中不允许采用全部为短肢剪力墙的结构，应设置一定数量的一般剪力墙或筒体，以共同抵抗竖向荷载和水平荷载。

1.3.5　框架-剪力墙结构体系

为了充分发挥框架结构平面布置灵活和剪力墙结构侧向刚度大的特点，可将框架和剪力墙两者结合起来，共同抵抗竖向和水平荷载作用，就形成了框架-剪力墙结构体系，如图 1-4 所示。

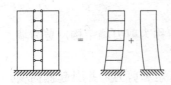

图 1-4　框架-剪力墙的协同工作

框架-剪力墙结构中，由于剪力墙刚度大，剪力墙将承担大部分水平力（有时可高达总水平力的 80%~90%），是抗侧力的主体，整个结构的侧向刚度大大提高，框架则主要承担竖向荷载，同时也承担小部分水平力。

在水平荷载作用下，框架呈剪切型变形，剪力墙呈弯曲型变形。当两者通过楼板协同工作共同抵抗水平荷载时，框架与剪力墙的变形必须保持协调一致，因而框架-剪力墙结构的侧向变形将呈弯剪型，其上下各层层间变形趋于均匀，并减小顶点侧移，同时框架各层层间剪力、梁柱截面尺寸和配筋也趋于均匀。由于上述的受力和变形特点，框架-剪力墙结构比纯框架结构的水平承载力和侧向刚度都有很大提高，在地震作用下层间变形减小，因而也就减小了非结构构件的破坏，可用来建造较高的高层建筑，目前常用于10～20层的办公楼、教学楼、医院和宾馆等建筑中。由于框架和剪力墙都只能在自身平面内承担水平力，因此在抗震设计时，框架-剪力墙结构应设计成双向抗侧力体系，结构平面的两个主轴方向都要布置剪力墙。

框架-剪力墙结构设计的关键是确定剪力墙的数量和位置，剪力墙多一些，结构的侧向刚度就会增大，侧向变形随之减小。但如果剪力墙设置太多不但在布置上较为困难，而且也不经济，通常情况下以满足结构的位移限值作为剪力墙数量确定的依据较为合适。剪力墙的布置可以灵活，但应尽量符合以下要求：

（1）抗震设计时，剪力墙的布置宜与结构平面各主轴方向的侧向刚度接近。

（2）剪力墙布置要对称，使结构平面的刚度中心与质量中心尽量接近，以减小水平力作用下结构的扭转效应。

（3）剪力墙应贯通建筑物全高，使结构上下刚度比较均匀，避免刚度突变，门窗洞口应尽量做到上下对齐，大小相同。

（4）在建筑物的周边、楼梯间、电梯间、平面形状变化及竖向荷载较大的部位宜均匀布置剪力墙，楼梯间、电梯间、设备竖井尽量与剪力墙的布置相结合。

（5）平面形状凹凸较大时，宜在凸出部分的端部附近布置剪力墙。

（6）剪力墙尽可能采用 L 形、T 形、I 形或筒形，使一个方向的墙体成为另一个方向墙的翼墙，增大抗侧和抗扭刚度。

（7）剪力墙的间距不宜过大。如果建筑的平面过长，在水平力作用下，楼盖将产生平面内弯曲变形，使框架的侧移增大，水平剪力也将增加，因此要限制剪力墙的间距，不要超过给出的限值。

（8）剪力墙不宜布置在同一轴线上建筑物的两端，以避免两片墙之间由于构件的热胀冷缩和混凝土的收缩而产生较大的温度应力。

1.3.6　筒体结构体系

筒体的基本形式有三种：实腹筒、框筒和桁架筒。用剪力墙围成的筒体称为实腹筒。布置在房屋四周，由密排柱和刚度很大的窗裙梁形成的密柱深梁框架围成的筒体称为框筒。如果筒体的四壁是由竖杆和斜杆形成的桁架组成，称为桁架筒。筒中筒结构是上述筒体单元的组合，通常由实腹筒做内部核心筒，框筒或桁架筒做外筒，两个筒共同抵抗水平荷载作用。

筒体最主要的受力特点是它的空间受力性能。在水平荷载作用下，筒体可视为固定于基础上的箱形悬臂构件，它比平面结构具有更大的侧向刚度和水平承载力，并具有很好的抗扭刚度。

1.3.7　框架-核心筒结构体系

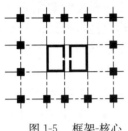

图 1-5　框架-核心筒结构体系

由核心筒与外围的梁柱框架组成的高层建筑结构，称为框架-核心筒结构，如图 1-5 所示。在这种结构中，筒体主要承担水平荷载，框架主要承担竖向荷载。框架-核心筒结构兼有框架结构与筒体结构两者的优点，建筑平面布置灵活，便于设置大房间，且具有较大的侧向刚度和水平承载力。因此在实际工程中，得到了越来越广泛的应用。

1.4　结构体系选择

建筑结构体系的选择，要根据建筑要求来确定，主要考虑以下方面的内容：建筑的高度、跨度、破坏模式、功能、美观效果及经济性等方面。

在结构设计与选型时，概念设计是对于结构的破坏方式、整体性、刚度、结构与地基的关系等方面进行宏观的、多方面的考虑，根据建筑物的需要，选择恰当的结构形式、径力路径、破坏模式等。其中选择简捷合理的传力路径，是结构设计者的基本工作。

1.4.1　结构与构件的破坏模式

结构与构件的破坏方式的确定是在结构设计之初就要明确的问题，延性破坏显然是工程师们的首选。

所谓延性破坏是指材料、构件或结构具有在破坏前发生较大变形并保持其承载力的能力，宏观表现为有挠度、倾斜、裂缝等明显破坏先兆的破坏模式，更为重要的是，尽管出现明显的破坏征兆，但延性材料或结构仍然能够保持其承载力。相反，脆性是与延性相对应的破坏性质，脆性材料或构件、结构在破坏前几乎没有变形能力，在宏观上则表现为突然性的断裂、失稳或坍塌等。

延性破坏的这种性能对于建筑物是十分重要的，其真正的意义在于以下几方面：

首先，破坏先兆与示警作用。历史上发生的重特大建筑事故大多属于脆性破坏。建筑物在破坏之前的明显征兆可以提醒人们及时撤离现场或进行补救。完全不能破坏的材料是不存在的，因此材料在破坏之前的示警作用对于建筑物来讲就十分重要了。

其次，延性材料或结构的延性不仅仅要体现在变形上，还要体现在破坏延迟上。也就是说，在承载力不降低或不明显降低的前提下，产生较大的明显的变形，即发生屈服。这种破坏的延迟效应可以为逃生或者建筑物的修补提供宝贵的时间。

最后，延性材料与结构所产生的变形能力，对于动荷载的作用可以体现出良好的工作性能，这对于结构的抗震是十分关键的。在地震的作用下，结构所发生的宏观与微观的变形，都会储存大量的能量，避免发生破坏。

应注意的问题是，虽然有些脆性材料可能具有较高的强度，采用脆性材料或构件、结构可能实现较大的承载力，但因没有破坏征兆或破坏征兆不明显，采用时宜慎重。

1.4.2　结构的整体性——形体与刚度

结构的整体性是指结构在荷载的作用下所体现出来的整体协调能力与保持整体受力能力的性能。结构在荷载的作用下，只有保持其整体性，才可以称之为结构，否则就会坍塌。整体性与结构的整体形状、刚度相关度较大。

结构的形体设计是指建筑物的平面、立面形状的形成设计。对于简单的垂直力，尤其是重力的作用，除了倒锥形的建筑之外，不同的形体并没有多大的差异。但是对于侧向力的反应，不同形体却大有不同。

随着建筑物的增高，如何抵抗侧向力，将会逐渐成为设计的主要问题。从力学的基本原理来看，简单的、各方向尺度比较均衡的平面形状更有利于对侧向力的抵抗，而复杂的平面是极为不利的，应该使其由简单的平面有机组合而成。

结构立面的形状与组合关系到结构不同层间的侧向力传递，简单地说，简捷的、各方向尺度比较均衡的竖向形状也是有利的。

结构最好的竖向结构模式是上小下大的金字塔形，可以有效地降低重心，增加建筑的稳定性，也可以减少高处风荷载的作用。不能形成上大下小的结构模式，历史上曾经有人做过尝试，但失败了。

不规则的立面，过于高耸的结构，突然变化的形式，对于抗震与受力都是不利的。建筑物的高度与宽度的比例也是十分重要的，超出限值的高耸结构无疑是最不利的，在侧向作用下如果不发生破坏，也会产生较大的变形或晃动，几乎不能使用。因此，对高宽比例相关的规范已有限定。

除了竖向构成以外，结构平面布置必须考虑有利于抵抗水平和竖向荷载，受力明确，传力直捷，力争均匀对称，减少扭转的影响。在地震作用下，建筑平面要力求简单、规则；在风力作用下，则可适当放宽。

根据结构的概念设计原理，对于不同的建筑物需要选择不同的结构形式。一般来说，应力求结构形式简捷，传力路径清晰明确，破坏结果确定，并可以保证有多道防止破坏的防线。一般不设计成静定结构，以超静定为主。高度与跨度是最基本的两种限制条件与要素。

1.4.3　高度与结构形式的关系

建筑物的高度不同，所需承担的作用不同：当建筑较低时，结构主要承受以重力为代表的竖向荷载，水平荷载处于次要地位，结构的竖向尺度一般较横向尺度小，结构的整体变形以剪切变形为主要特征；同时，建筑较低时，建筑总重较小；因而，对于低层建筑，结构材料强度要求不高，结构类型的选择上可比较灵活。

在较低楼房中，水平荷载处于次要地位，结构的负荷，主要是以重力为代表的竖向荷载。由于此时结构横向尺度一般大于竖向尺度，因此结构的整体变形以剪切变形为主要特征；同时，由于较低楼房的层数较少，建筑总重较小，对结构材料的强度要求不高，因而在结构类型的选择上比较灵活，制约的条件也较少。

随着建筑高度的增加，侧向作用成为结构所抵御的主要作用，保证结构在侧向作用下的刚度，成为结构设计的重点。不同的材料使用，结构的高度不同；不同的结构构成，适用高度不同；不同的荷载状态，尤其是抗震状况，高度也不同。

在高层建筑中，要使用更多结构材料来抵抗水平荷载，因此抗侧力结构成为高层建筑结构设计的主要问题，特别是在地震区，地震作用对高层建筑危害的可能性也比较大，高层建筑结构的抗震设计应受到加倍重视。因此，高层建筑结构设计及施工要考虑的因素及技术要求比多层建筑更多、更为复杂。表 1-1 所示为钢筋混凝土结构体系适用的最大高度。

钢筋混凝土结构体系适用的最大高度						表 1-1
结构体系		非抗震设计	抗震设防烈度			
			6 度	7 度	8 度	9 度
框架	现浇	60	60	55	45	25
	装配	50	50	35	25	—
剪力墙	无框支墙	140	140	120	100	60
	部分框支墙	120	120	100	80	—
框架-剪力墙和框架筒	现浇	130	130	120	100	50
	装配	100	100	90	70	—
筒中筒及成束筒		180	180	150	120	70

高层建筑结构则不同，层数多，总重大，每个竖向构件所负担的重力荷载很大，而且水平荷载又在竖向构件中引起较大的弯矩、水平剪力和倾覆力矩；为使竖向构件的结构面积在使用面积中所占比例不致过大，要求结构材料具有较高的抗压、抗弯和抗剪强度。对位于地震区的高层建筑结构，还要求结构材料具有足够的延性，这就使得强度低、延性差的结构，在高层建筑中的应用受到很大的限制。而高层建筑结构横向尺度一般小于竖向尺度，因此结构的整体变形以弯曲变形为主要特征，保证结构的整体刚度是结构选择的重点。

层数较多的高层建筑，就需要采用钢筋混凝土结构，层数更多的特高层建筑房则宜采用钢结构、混凝土-钢组合结构。

1.4.4　跨度与结构形式的关系

跨度是建筑空间的基本性能，没有跨度就没有室内空间。追求高度是为了节约用地，但跨度却是建筑物必须保证的参数，也是结构必须保证的，梁是最常见的形成跨度的构件。

空间大跨度结构则是由梁演变而来的：从普通梁的弯矩图可见，梁沿跨度和截面的受力都很不均匀，材料强度不能得到充分的发挥。对于通常跨度的楼盖梁来说，可将矩形截面变为工字形截面——对于梁中部的应力较小的部分进行节约化处理，并对于梁边缘部位进行加强，进而采用格构式梁或桁架，以提高梁的承载力和刚度。

1.5　混凝土结构全寿命设计概念

我国在未来相当长的时间内还将一直处于大规模的工程建设时期，而且许多重大的建筑工程项目都需要使用几十年甚至上百年，在这么长远的时间内，由于各类内因及外因的影响，尤其是变化巨大的外因作用下，结构的各类功能、性能必将发生改变。因此，需要在工程结构领域引入"全寿命"的概念，并在工程结构全寿命周期的各个阶段分别采取适当的有效措施，尤其是处理好工程结构项目在设计和运营管理阶段的工作显得最为重要。由于我国地域辽阔，环境状况多变，许多混凝土工程面临的耐久性问题非常突出，如不予以重视，势必加重国家的维修和重建负担，影响整个国家工程建设事业的可持续健康发展，因此，急需提倡基于全寿命的设计理念及基于全寿命的管理理念。2000年，我国发布的《建设工程质量管理条例》许多规定实际上是对工程结构的耐久性提出了明确要求，即需要有关人员在全寿命的各个主要阶段内通过合理有效的设计、施工、维护及维修加固使得工程结构在全寿命的期限内保持一定水平的可靠性。

1.5.1　混凝土结构全寿命设计理论框架

传统的工程结构设计及管理只以工程的建设过程为对象，从而产生的传统管理三大核心指标为项目的质量、工期、成本，并由此产生了项目管理的三大控制：质量控制、工期控制、成本控制。这种以工程建设过程为对象的目标是近视的、局限性的，会造成管理决策者的思维过于现实和视角太低，同时造成项目管理过于技术化的倾向。而现代化的工程项目所占的高科技技术含量较高，是研究、规划、设计、建设、运营及废除等过程的有机结合，导致了传统意义上的过程结构，尤其是施工过程的重要性、难度相对降低，而工程结构的投资管理、结构风险管理及运营管理措施实行等难度加大，工程结构项目从规划决策、可行性研究、设计、建造，直到运营管理的全局性过程一体化要求增加。因此，基于全寿命理念的全局性设计及管理变得越来越重要。

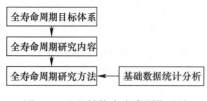

图 1-6　工程结构全寿命周期研究
理论框架

工程结构全寿命周期研究理论的实质是立足于"全寿命周期"的概念，从工程结构整体的角度出发，在结构的整个时间历程中通过某些具体的方法及理论，采取各项切实可行又行之有效的指标体系，以达到结构全局性优化的目的。图 1-6 所示为工程结构全寿命周期研究理论框架。

1.5.2　全寿命周期研究的目标体系

树立工程结构的全寿命理念，首先需建立全寿命周期理论研究的目标体系，它是工程结构全寿命周期理论研究的基础。由于工程结构项目的价值是通过项目建成后的运营实现的，没有全寿命期的明确目标会导致工程结构项目全过程各项措施的不连续性，造成项目参加者目标的不一致和组织责任的离散，容易使人们不重视工程项目的运营，忽视工程项目对环境、对社会、对经济及对历史的影响，不关注工程的可维护性和可持续发展能力。因此，为使工程项目与环境的协调度及与社会可持续发展的契合度等越来越高，并建立科学、合理及可行的工程项目全寿命周期的理论研究内容及方法，就必须科学地确立工程项目全寿命周期理论研究的目标体系。

在工程结构传统管理三大核心指标的基础上做进一步的拓展及深化，并充分考虑工程项目的各项主要评价指标，即功能指标、技术指标、经济指标、社会指标和环境指标等五大类指标。

核心目标层次包括了三类最关键的指标，即质量可靠指标、经济优化指标及时间优化指标，它们之间具有很强的相关性，是工程结构全寿命周期研究的基础，如图 1-7 所示，三者之间既存在矛盾又存在统一性。核心目标层次中的部分内容可通过具体的理论及方法进行一定程度的定量控制，如全寿命的成本、使用寿命周期内的动态性能、结构的使用寿命等；部分内容只可进行定性的控制或者概念性的控制，如工程结构规划及设计的可维护性（可检性、可修性、可换性及可强性等）、可扩展性、可实施性及可回收性等。

绿色目标层次是在核心目标层次之上，从不同角度及不同方面的全局出发，对工程结构提出的进一步目标形式。如从不同群体的角度出发，反映出极大的包容性，使之能为各个方面所接受，并达成大家的共识；从企业的观点出发，尽可能地追求高层次的价值观念，充分体现工程项目专业领域目前主流的、普遍公认的研究成果；体现工程项目对社会及环境的影响，是否具有环保性及可持续性；体现工程项目对于历史、美学及文化等方面的贡献。这些目标内容一般较难以用定量的方法加以控制。工程结构全寿命周期设计目标体系构成如图 1-7 所示。

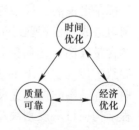

图 1-7　工程结构全寿命周期研究核心指标的关系

1.5.3 全寿命周期研究的基本内容

工程结构全寿命周期理论研究的基本内容可概括为：对结构全寿命周期内各个时点的相关设计及管理措施做全局性的优化，可按不同方法进行具体的研究内容划分。

1. 按工程结构全寿命周期研究的时间阶段划分

（1）规划及设计阶段

主要根据工程结构的要求及特点，考虑结构全寿命的概念，以确定结构的设计使用寿命、全寿命成本的预测及大致分配、设计的目标可靠水平，并在此基础上标定工程结构设计的荷载及抗力分项系数以进行基于可靠性的结构设计，并优化结构耐久性的设计水平，进行必要的耐久性设计加强及设计防护，确定设计的检测维护决策。

（2）施工阶段

在工程结构全寿命设计的目标可靠水平限制下，进行各类设计参数的施工控制，并考虑合理的人为错误的作用及影响，以使施工后的结构实体满足设计的要求。

（3）运营及老化阶段

在工程结构内在及外在的劣化因素影响下，根据结构的可靠性能预测及可允许的管理措施成本，建立工程结构全寿命的管理措施优化决策方法，以指导对实际结构进行检测、维护及必要的维修，以达到合理的全寿命周期研究核心目标。

（4）废除阶段

依据使用寿命判定准则，优化决策工程结构寿命的终止时间。

2. 按工程结构全寿命周期研究的性质划分

（1）全寿命时间参数优化

主要优化工程结构设计使用寿命及确定设计基准期，合理管理结构施工期的施工开始时间及施工工期，科学决策运营期的检测、维护及维修措施的时点及周期，优化老化阶段结构的剩余使用寿命以及工程项目的废除时间等，当然，最主要的全寿命时间参数是结构的（设计及剩余）使用寿命。

（2）全寿命性能优化

以结构的可靠性为例，主要是标定工程结构设计的目标可靠指标及优化相应的荷载抗力分项系数，确定工程结构设计的耐久性水平，控制结构施工的可靠水平，优化结构的管理目标可靠水平，以及工程结构各项性能的分析及预测等，其体现在工程设计领域中就是对于规范制定的优化、按规范的设计优化、按设计的施工优化及工程的运营管理优化，实质上即"定出一个优化的可靠度（规范）、算出一个优化的可靠度（设计）、做出一个优化的可靠度（施工）、用出一个优化的可靠度（运营）"。

（3）全寿命经济优化

主要研究全寿命周期各项成本的计算模型以有效地预测结构的全寿命成

本，并实现各项阶段成本之间优化分配。图 1-8 所示为工程结构全寿命周期理论研究基本内容及其关系梳理。

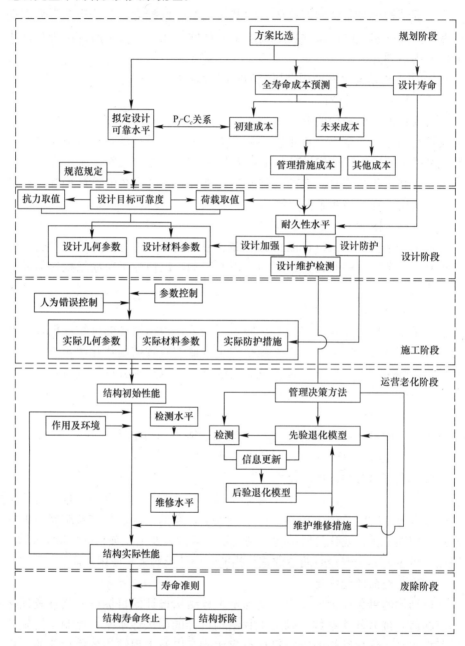

图 1-8　工程结构全寿命周期理论研究基本内容及其关系梳理

1.5.4　工程结构的使用寿命指标分析

对时间指标的优化控制是工程结构全寿命周期理论中最重要的目标之一。在工程结构全寿命周期设计及管理中，时间指标有很多不同的形式。如在规划和设计阶段需确定结构的设计基准期和设计使用年限，合理安排施工工期，预测恰当的检测及维护时间；在施工阶段需确定具体的施工开始时间，在各个施工工序所需时间的基础上优化施工工序安排以确定可靠的施工工期；在运营阶段需优化可靠的检测及维护周期，确定更换及加固等措施的可能性及时间；在老化及废除阶段需确定预测的结构剩余使用寿命及工程项目的废除时间。

在众多的各项时间指标中，对工程结构的全寿命周期设计及管理影响最大的是结构的使用寿命指标，包括了设定的设计使用寿命及预测的剩余使用寿命。使用寿命对工程结构全寿命的影响主要表现在对设计所需荷载及作用的影响和对全寿命经济分析的影响上：规范规定，荷载及作用的选取大小一般以设计基准期内一定的跨时率或跨阈率来表示，在此涉及的设计基准期则基本上等同于结构的设计使用寿命；设计（剩余）使用寿命是工程结构全寿命经济分析的研究周期，不仅影响全寿命经济分析中其他参数的选取，还将直接影响分析的结果。工程结构的设计使用寿命还在一定程度上也体现了工程项目的重要性程度。因此，使用寿命指标是工程结构全寿命周期理论中起全局性重要影响的指标形式。

工程结构全寿命周期研究的目标必然是在结构性能可靠及功能合理的基础上追求结构经济性的优化，而性能卓越、经济性良好的结构相对于同环境条件下不同类型的结构，其使用寿命一般较高，即可通过对结构使用寿命的控制来提高工程结构项目的性能及经济性要求。因而也必然导致要求结构以使用寿命来进行设计，可依据两种思路，其一是直接按设计使用年限来设计，另一种思路是先以部分设计使用寿命为目标进行设计，然后根据部分结构的"可换性"及"可强化性"等特性预留设计后路，然后在若干年后根据新的情况适当进行设计改善以满足总的设计使用寿命要求。显而易见，后一种思路可能更为合适。因此，结构的使用寿命指标也是工程结构全寿命周期理论主要指标体系中的表现性指标形式。

总而言之，结构的使用寿命指标是追求高质量的结构全寿命周期设计及管理的基础指标之一，其精确分析具有重要的意义。

1. 结构的设计使用寿命

为了工程结构设计的方便，行业规定了结构的"设计使用寿命"，即设计要求强制达到的最低结构使用寿命。它是由国际标准组织 ISO 于 1989 年在《结构可靠度总原则》中首次提出的，是结构设计预定满足可靠性要求的使用期限，也可称为设计使用年限。

国际标准《建筑物及建筑资产—使用寿命规则》ISO15686 将耐久性目标具体为结构构件或部件的功能要求及可接受水平，要求在设计阶段就予以确定；可以作为设计任务书的一部分由客户确定，也可根据当地规范或规程的规定由设计师确定，但都应指出这些构件或部件的属性（可更换或永久性）及其失效后果。如失效后果十分严重，则须考虑延长构件的使用寿命或加强检查和维护。它还强调设计要考虑构筑物的重新利用，通过使用寿命规划延长构筑物的使用寿命，增加长期效益，有利于建筑业的可持续发展。一般而言，尽量延长工程结构的使用年限就是最大的节约。工程结构构件或部件的最低设计使用寿命见表 1-2。

	ISO15686 标准中的建筑物构件或部件的设计使用寿命			表 1-2
设计使用寿命	难以进行维修的结构构件寿命	难以更换的构件寿命	可更换的主要构件寿命	建筑设备寿命
无限	无限	100	40	25
150	150	100	40	25
100	100	100	40	25
60	60	60	40	25
25	25	25	25	25
15	15	15	51	15

我国建筑行业国家规范或标准也明确地提出了设计使用寿命的概念，即设计规定的结构或者结构构件只需进行正常的维护而不需要进行大修就可按其预期的目标使用、完成预定的功能，也就是说结构在正常设计、正常施工、正常使用和正常维护下所应达到的使用寿命。它并不等同于结构的耐久年限及设计基准期，也并不意味着结构的安全等级，它的确定与相应结构设计的标准（结构设计的可靠性直接影响使用年限）、工程结构材料（与各类作用下的耐久性有关）、工程的施工质量、运营管理情况、结构的功能性、经济性及重要性等条件相关，其实质是对具体结构实际使用寿命的统计分析而确定的人为的"合理使用年限"。如表 1-3 所示为我国一般工程结构的设计使用寿命。目前，大型混凝土结构由于混凝土耐久性考虑的不足往往会造成巨大的经济损失，特别是在腐蚀环境、海洋环境及一些特殊类型环境中，资源的浪费更加巨大。因此，对于这些工程结构的设计使用寿命要求更加严格，其最低使用寿命要求有进一步延长的趋势，如城市环境中的桥梁至少应有 150 年，而重要的工程结构在设计时都有各自的使用寿命要求，如荷兰的 Delta 防浪堤为 200 年，英法海峡隧道为 120 年，我国的东海大桥、杭州湾跨海大桥及舟山大陆连岛大桥等都要求为 100 年。

	我国工程结构的设计使用寿命		表 1-3
设计使用寿命（年）	示 例	设计使用寿命（年）	示 例
5	临时性结构	不大于 15	沥青混凝土路面结构
25	易于替换的结构构件	不大于 30	水泥混凝土路面结构
50	普通房屋和构筑物	100	桥梁结构主体
100	纪念性建筑和特别重要的建筑结构	—	—

工程结构全寿命周期研究的首要任务是确定结构的设计使用寿命。严格意义上来说，无论结构类型是否相同，对于具体的工程结构，由于结构的荷载及环境作用、社会经济乃至政治等情况差异都应有不同的设计使用寿命要求。理论上，设计使用寿命一般需考虑不同结构类型的重要性程度、经济性及社会性状况、结构及材料本身的性能、结构周边的环境状况、结构的耐久

性要求、正常的施工及管理水平等的影响；而实际上，对于特定的结构体系，可在统筹考虑体系各构件的重要性程度、构件的设计使用寿命大小及构件的可换性基础上，优选出结构体系寿命匹配的核心构件，并以此为参照，依据结构全寿命经济优化的原则，通过试算以确定各类构件的合理寿命匹配，然后可充分考虑该结构体系使用寿命实测数据的统计分析，从而最终确定结构体系的设计使用寿命。在条件许可的情况下，可参考相应的规范规定，或经已有结构的类比简单确定。

2. 结构的剩余使用寿命

（1）结构剩余使用寿命的预测方法

分析结构的技术使用寿命，首先需确定寿命终止的技术指标。它们一般是结构的技术性能指标，如结构可靠度，极限承载能力，主要受力构件的裂缝开展情况及结构反应程度（挠度、位移、稳定性、振动幅度及频率等），混凝土构件的碳化、锈胀开裂、钢筋腐蚀等，钢结构的腐蚀厚度，疲劳损伤等。从根本上来说，这些指标的基础是结构抗力及作用效应的变化规律。目前，对结构受到的灾害荷载的预测方面还比较薄弱，在抗力衰减方面的预测模型还只是局限于结构疲劳、钢筋锈蚀、混凝土碳化、硫酸盐侵蚀、冻融等单因素影响的描述，而对多因素共同影响作用的研究虽有所涉猎，但结果适用性均不够强。然后尚需确定相关指标的极限阀值，即指标值的最低许可要求，当结构或构件的反应超过此数值时，就认为使用寿命终止。据有关资料显示，当作用效应和结构抗力的变异性不大时，可取评估指标的取值范围较宽松，但当遭受变异性较大的作用时，评估指标取值范围的规定需更加严格。

结构功能使用寿命的确定势必要与业主的要求及设计人员的许诺有关，甚至于和社会、经济的快速发展使得对于结构使用功能要求的提高或改变有关。它的主观性较大，有可能取决于某个或某些人员的决策，或某些部门的行政命令。

结构的经济使用寿命确定需对结构进行全寿命的经济分析，将结构项目作为投资对象来考虑，以投资的全寿命经济优化来进行使用寿命的确定。

结构的使用寿命与结构的主体形式、细部构造、材料性能及劣化机理、荷载及环境作用的类别及程度等众多因素有关，因而其预测较复杂。混凝土结构的使用寿命预测一般可采用经验法、类比法、快速试验法、数学模型法、概率分析法等进行。

已建混凝土结构剩余寿命的预测评估方法与拟建结构的寿命预测基本相同，但需要通过混凝土现有状态的实际调查，获得更多和更为明确的资料信息。评估已建混凝土结构剩余寿命主要有两种方法：一是基于检测的时间外推方法，二是数学模型方法。在建立已建混凝土结构寿命预测模型时，须借助实际工程的实测数据对寿命预测模型进行修正。因此，首先需要了解混凝土结构的现状、结构劣化速率以及过去和将来的荷载情况。

（2）混凝土结构使用寿命确定准则

结构使用寿命的确定需首先规范结构功能失效的判别准则，即定义结构

24

耐久性的极限标准，这是结构使用寿命预测的关键。对混凝土结构，根据调查分析及经验所得，最常见的失效原因是在恶劣的环境中，由于混凝土碳化或者氯离子侵蚀导致受力钢筋的锈蚀及胀裂，最终致使结构或者构件的极限承载能力降低。因此，混凝土结构使用寿命判别准则主要表现为以下四种，如图 1-9 所示。

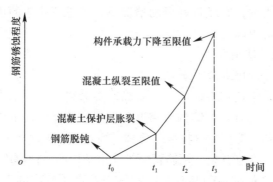

图 1-9 混凝土结构钢筋锈蚀程度

① 钢筋初锈寿命准则

混凝土结构的钢筋初锈寿命准则是以主要受力钢筋氧化保护层的脱钝从而失去对钢筋的保护作用，使钢筋开始产生锈蚀的时间作为混凝土结构的寿命，在图 1-9 中，以 t_0 表示。引起钢筋保护层脱钝的原因主要有混凝土碳化及氯离子的渗透两类。

采用钢筋初锈寿命准则的主要理由是考虑到钢筋一旦开始锈蚀，不大的锈蚀量或者不长的时间就足以使混凝土开裂，从而影响结构构件的功能。此准则适用于一些特殊类型的结构构件，具有严格的功能性要求，如预应力混凝土构件或用于密闭功能的结构等，不允许发生钢筋的锈蚀。但对大多数混凝土结构来说，以钢筋的初锈作为结构使用寿命终止的标志显然过于保守，也不现实。因此，此寿命准则使用频率较低。

另外，由大量的实际工程调查表明，当混凝土碳化深度或氯离子渗透达到受力钢筋表面时，并不意味着钢筋马上就会锈蚀。特别是在较干燥地区，有许多使用了几十年的构件，碳化深度已经达到甚至超过钢筋表面，而钢筋尚未锈蚀；当然还有些情况是混凝土碳化深度没有达到钢筋的表面时，钢筋却已开始锈蚀。因此，在采用钢筋初锈寿命准则时还应综合考虑其他因素的影响，如环境的恶劣程度、侵蚀条件及结构构造性质等。

② 混凝土锈胀开裂寿命准则

混凝土的锈胀开裂寿命准则是以混凝土表面出现顺筋的锈胀裂缝所需时间作为结构的使用寿命，在图 1-9 中以 t_1 表示。这一准则认为，混凝土构件中的钢筋锈蚀产生膨胀，出现锈胀力，当钢筋锈蚀至一定程度后，锈胀力达到超过混凝土抗拉强度的水平，从而使得混凝土在纵向开裂。此后，钢筋锈蚀速度会明显加快，将是混凝土结构构件安全性快速降低的前兆。出于结构使用安全的考虑，且混凝土锈胀开裂在宏观上较明显，因此，对某些混凝土结构构件可以此作为判断寿命终止的准则。

③ 裂缝宽度限值寿命准则

由于混凝土结构构件的钢筋锈胀开裂标准很难定量化，其锈胀开裂对于大多数混凝土结构的安全性和适用性影响不大，锈胀开裂后构件还可使用相当一段时间，因此，又提出了以锈胀开裂产生的裂缝宽度作为使用寿命判别的准则，即认为裂缝宽度或钢筋锈蚀量达到某一限值时寿命终止，在图 1-9 中以 t_2 表示。由于锈胀裂缝的宽度与钢筋的锈蚀量存在着直接的关系，因此，此准则也称为钢筋锈蚀量限制寿命准则。

④ 承载力寿命准则

基于安全考虑，任何结构的设计都具有一定的安全余度，这意味着以上三个寿命准则对于混凝土结构的适用性会产生一定影响，但对结构的安全性影响不是很大，混凝土构件在短时间内不会很容易失效，因此，对于一些工业厂房或一般民用建筑的混凝土结构，采用以上三个寿命准则似乎仍然偏严。在一些工程实例中，混凝土构件表面早已脱落，钢筋锈蚀严重，但构件仍在"正常"地使用，对于一般混凝土构件，以承载力破坏作为判断寿命终止的准则将更加合理。

承载力寿命准则是考虑钢筋锈蚀到相当的程度，使得受力钢筋的截面明显减少，钢筋强度性能有所劣化，与混凝土的粘结力也显著降低，造成混凝土结构构件的抗力退化，以构件的承载力降低到某一限值作为寿命终止的标志，在图 1-9 中以 t_3 表示。

1.5.5 结构耐久性能的分级

结构耐久性的存在使结构的可靠性能随着使用不断劣化，为使结构的使用寿命不提前终止，就需进行必要的管理措施。工程中往往依据结构耐久性的等级来确定管理措施实施的方式及程度等。

结构耐久性等级的划分可根据结构的不同种类、不同环境，在一定的分析需求下，依据不同的因素进行划分，一般可包括：裂缝宽度、混凝土的碳化深度、钢筋表面的氯离子浓度、钢筋的锈蚀损失率、混凝土表面剥落情况、材料强度、构件的极限承载力、挠度变形、可靠度指标、剩余使用寿命等。

对主要由于氯离子侵蚀造成耐久性失效的沿海混凝土结构可依据氯离子的锈蚀机理，根据钢筋表面氯离子浓度及钢筋截面损失率不同按表 1-4 分为六级。其中，由于钢筋初锈到裂缝开始发生之间的时间较短，因此，第 Ⅰ 等级及第 Ⅱ 等级之间的 C_{cl} 含量差别不显著，且认为 $C_{cl}=2.0\%$ 是裂缝开始发生的极限值。

根据氯离子锈蚀机理确定的沿海混凝土耐久性等级划分　　　　　表 1-4

耐久性等级	等级描述	
0		无裂缝，钢筋表面氯离子浓度小于 $C_{cl}<1.2\%$
Ⅰ		无裂缝，钢筋发生锈蚀，且 $1.2\% < C_{cl} < 2.0\%$
Ⅱ		裂缝开始发生，C_{cl} 达到 2.0%
Ⅲ		裂缝开展，钢筋截面损失率 $\zeta < 1.0\%$
Ⅳ		裂缝继续开展，$1.0\% < \zeta < 5.0\%$
Ⅴ		裂缝达到极限，$\zeta > 5.0\%$

1.6　结构防倒塌设计概念

地震灾害引起伤害最大、伤亡最惨重的就是建筑物倒塌，倒塌对建筑物的伤害是毁灭性的；同样倒塌对建筑物中的人或物也是致命的，一旦建筑物倒塌，那么身陷其中的人或物将很难保全。反之，如果破坏的仅仅是局部构件或区域，房屋没有倒塌，则人员生还的可能性将大增，哪怕是被困其中，也会为外部营救提供足够的时间。由此可见，抗倒塌应是建筑结构设计的最基本要求，也是最应该引起结构设计人员注意的问题。"抗倒塌设计"对于保护人民的生命安全，具有特别重要的意义。

防倒塌性即结构的整体稳定性，是保证整个结构体系在各种作用（包括非正常的以外偶然作用）下不至于发生构件解体和大范围倒塌的能力。其实，防倒塌概念并非一个新概念，多年以前教科书中早就涉及，结构设计的大原则就有"强柱弱梁，强剪弱弯，强节点弱构件"的说法；构件和材料的选用也都在要求足够的延性、避免脆性破坏；抗震设计的原则中就要求"大震不倒"，然而在实际的设计当中，结构设计人员往往将大量的时间和精力用在构件的抗弯承载能力计算和截面配筋上，而忽视了更重要的抗剪和节点设计，对于抗倒塌的概念设计没有给予足够的重视。结构设计不能等同于截面设计，抗倒塌概念应当先于截面设计，属于方案设计阶段，一个好的结构方案要比精确的截面计算重要得多。

1.6.1　场地选择

选择工程场址时，应该进行详细勘察，搞清地形、地质情况，挑选对建筑抗震有利的地段，尽可能避开对建筑不利的地段；任何情况下都不能在抗震危险地段上建造可能引起人员伤亡或较大经济损失的建筑物。

建筑抗震危险地段，一般是指地震时可能发生崩塌、滑坡、地陷、地裂、泥石流等地段，以及震中烈度为 8 度以上的发震断裂带在地震时可能发生地表错位的地段。

对建筑抗震有利地段，一般是指位于开阔平坦地带的坚硬场地或密实均匀中硬场地。在选择高层建筑的场地时，应尽量建在基岩或薄土层上，或应建在具有较大"平均剪切波速"的坚硬场地上，以减少输入建筑物的地震能量，从根本上减轻地震对建筑物的破坏作用。

1.6.2　合理的结构方案和结构布置

一个合理的结构方案的基本要求：结构体系应具有明确的计算简图和合理的地震作用传递途径，防止间接、曲折的传力方式，避免将立柱布置在梁、墙、洞口上面。在结构体系中关键的传力部位应为具有较多冗余约束的超静定结构；结构体系宜有多道抗震防线，应避免因部分结构或构件破坏而导致整个结构丧失抗震能力或对重力荷载的承载能力，抗震设计的一个重要原则就是结构有必要的赘余度和内力重分配的功能；结构体系应具有必要的承载能力、良好的变形能力和消耗地震能量的能力，在确定结构体系时，需要在结构刚度、承载力和延性之间寻求一种较好的匹配关系；结构体系宜具有合理的刚度和强度分布，尽可能避免平面不规则和竖向不规则，使刚度和强度均匀变化，避免因局部削弱或突变形成薄弱部位，产生过大的应力集中或塑性变形集中；对可能出现的薄弱部位，应采取措施提高其抗震能力；另外，选择结构体系要考虑建筑物刚度与场地条件的关系，当建筑物的自振周期与地基土的卓越周期一致时，容易产生类共振而加重建筑物的损坏。选择结构体系也要注意合理的基础形式，基础应有足够的埋深来抵抗地震倾覆，软弱地基宜选用桩基、筏基或箱基。

1.6.3　确保结构的整体性

结构的整体性是保证各部件在地震作用下协调工作的必要条件。应使结构具有连续性和保证构件间的可靠连接。结构的连续性是结构在地震时保持整体性的根本，结构设计时应选择整体性好的结构类型。事实证明，施工质量良好的现浇钢筋混凝土结构和型钢混凝土结构具有较好的连续性和整体性。构件间的可靠连接是提高房屋抗震性能，充分发挥各个构件承载力的关键，也就是通常所说的"强节点弱构件"，加强构件间的连接构造，使之能够满足传递地震力时的强度要求和适应大地震时大变形的延性要求。混凝土结构的重点部位如柱底、柱顶抗剪，节点区，转换构件，预制构件的搭接等；钢结构的重点部位如桁架，网架的支座、螺栓、节点等；砌体结构的圈梁、构造柱的设置等都应该得到足够的加强，避免节点先于构件破坏，使构件失去其应有的承载能力。

小结及学习指导

1. 混凝土结构是指以普通混凝土为主要材料并配置必要的钢筋制作的结构，是土木建筑工程中应用最多的一种结构形式，主要由竖向承重结构、水平承重结构和下部结构三部分组成。

2. 混凝土结构设计一般分为三个阶段：初步设计阶段、技术设计阶段、施工图设计阶段。结构工程师通过进行结构方案设计、结构分析、构件设计和绘制施工图完成每个阶段的任务将建筑设计方案变成可以施工的图纸。学习中宜结合工程实例加以理解。

3. 混凝土结构基本构件有七种类型：梁、柱、框架、墙、板、桁架、拱，每种构件根据其受力特点适用于承重体系的不同部位。

4. 混凝土结构体系可分为梁板结构、排架结构、框架结构、剪力墙结构、框架-剪力墙结构、筒体结构、框架-核心筒结构体系等。学习中应重点掌握各种结构体系的力学特点、优缺点、适用范围。进行结构体系的选择应根据建筑要求从建筑的高度、跨度、破坏模式、功能、美观效果及经济性等多方面考虑。结构体系选择是进行结构概念设计的重要一环，需要扎实的力学知识，是多种知识的综合利用，并通过工程实践不断积累经验。

5. 混凝土结构也具有一定的寿命周期，结构工程师在结构全寿命的各个主要阶段内通过合理有效的设计、施工、维护及维修加固使得工程结构在全寿命的期限内保持一定水平的可靠性。学习中重点掌握工程结构全寿命的设计指标、耐久性等级的划分原则等。

思考题

1-1 混凝土结构设计分几个阶段，每个阶段的主要任务是什么？

1-2 混凝土结构方案设计主要包括哪些方面的内容？

1-3 混凝土结构常用构件形式有哪些？每种构件常用于承受何种力？

1-4 混凝土结构基本结构体系有哪些？其受力特点如何？

1-5 选择结构体系需遵循哪些原则？

1-6 混凝土结构耐久性设计有何重要意义？

1-7 如何进行混凝土结构防倒塌概念设计？

第2章
梁板结构设计

本章知识点

知识点：混凝土楼盖的结构类型、特点、适用范围及结构布置；整体式单向梁板结构的内力按弹性及考虑内力重分布的计算方法；折算荷载、活荷载最不利布置、塑性铰、内力重分布、弯矩调幅等概念，连续梁板截面设计特点及配筋构造要求；整体式双向梁板结构的内力按弹性及按极限平衡法的设计方法；楼梯受力特点、内力计算及配筋构造要求；雨篷梁的设计计算方法，包括截面承载力计算和整体倾覆验算。

重点：整体式单向板梁板结构、整体式双向板梁板结构、整体式无梁楼盖以及整体式楼梯与雨篷的设计计算方法。

难点：楼盖结构的分析与设计，主要包括计算简图，内力、变形分析及配筋计算等。

2.1 概论

混凝土梁板结构主要是由板和梁组成的结构体系，其支承结构体系可为柱和墙体。它是工业与民用房屋楼盖、屋盖、楼梯及雨篷等广泛采用的结构形式。若有梁有板称为梁板结构，以此种梁板结构作楼盖时亦称肋梁楼盖；若有板无梁则称为无梁楼盖或板柱结构。此外，它还应用于基础结构（如肋梁式筏板基础）、城市高架道路的路面及储液池的底、顶板等。因此，研究混凝土梁板结构的设计原理及构造要求具有普遍意义。

按受力特点，混凝土整体式梁板结构中的四边支承板可分为单向板和双向板两类。只在一个方向弯曲或者主要在一个方向弯曲的板，称为单向板；在两个方向弯曲，且不能忽略任一方向弯曲的板，称为双向板，如图 2-1 所示。结构分析表明，四边支承板的单向板和双向板之间没有明确的界限。为了结构设计方便，当四边支承板长短边长度的比值不小于 3.0 时，宜按沿短边方向受力的单向板计算，并应沿长边方向配置构造钢筋；当长短边长度的比值大于 2.0，但小于 3.0 时，宜按双向板计算；当长短边长度的比值不大于 2.0 时，应按双向板计算。

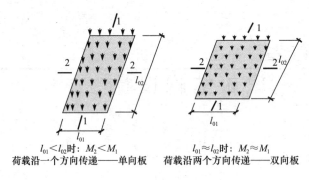

$l_{01} < l_{02}$ 时：$M_2 < M_1$　　　　$l_{01} \approx l_{02}$ 时：$M_2 \approx M_1$
荷载沿一个方向传递——单向板　　荷载沿两个方向传递——双向板

图 2-1　单向板和双向板

2.2　整体式单向板梁板结构

整体式单向板梁板结构是应用最为普遍的一种结构形式，其一般设计步骤为：

（1）结构平面布置及梁板尺寸确定；

（2）结构的荷载及计算单元；

（3）确定结构的计算简图；

（4）截面配筋及构造措施；

（5）绘制施工图。

2.2.1　结构平面布置

整体式单向板梁板结构是由单向板、次梁和主梁组成的水平结构，支承在柱、墙等竖向承重构件上，如图 2-2 所示。在整体式单向板梁板结构中，次梁的间距决定了板的跨度；主梁的间距决定了次梁的跨度；柱或墙的间距决定了主梁的跨度。工程实践表明，单向板的经济跨度一般为 2～3m；次梁的经济跨度一般为 4～6m；主梁的经济跨度一般为 5～8m。

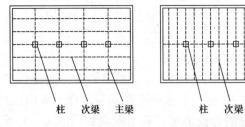
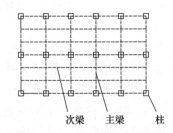

柱　次梁　主梁　　　　柱　次梁　主梁　　　　次梁　主梁　柱

图 2-2　单向板肋梁楼盖结构布置

在进行梁板结构平面布置时，还应注意以下问题：

（1）在满足建筑物使用的前提下，柱网和梁格划分尽可能规整，结构布置越简单、整齐、统一，越能符合经济和美观的要求。

（2）梁、板结构尽可能划分为等跨度，布置尽可能规则，以便于设计和施工。

（3）主梁跨度范围内次梁根数宜为偶数，以减小主梁跨间弯矩的不均匀。

2.2.2　结构的荷载及计算单元

作用于梁板结构上的荷载可分为恒荷载和活荷载。恒荷载包括结构自重、地面及顶棚抹灰、隔墙及永久性设备等荷载；活荷载包括人群、货物及雪荷载、屋面积灰荷载和施工活荷载等。在设计民用建筑梁板结构时，当梁的负荷面积较大时，活荷载全部满载并达到标准值的概率小于1，故应注意对楼面活荷载标准值进行折减。

整体式单向板梁板结构的荷载及荷载计算单元分别按下述方法确定，如图 2-3 所示。

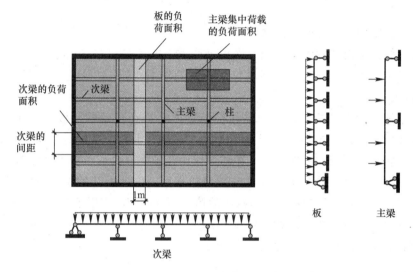

图 2-3　单向板肋梁楼盖平面及计算简图

单向板：除承受结构自重、抹灰荷载外，还要承受作用于其上的使用活荷载；通常取 1m 宽板带作为荷载计算单元。

次梁：除承受结构自重、抹灰荷载外，还要承受板传来的荷载，计算板传来的荷载时，为简化计算，不考虑板的连续性，通常视连续板为简支板；取宽度为次梁间距 l_1 的负荷载带作为荷载计算单元。

主梁：除承受结构自重、抹灰荷载外，还要承受次梁传来的集中荷载，计算次梁传来的集中荷载时，为简化计算，不考虑次梁的连续性，通常视连续次梁为简支梁，以两侧次梁的支座反力作为主梁荷载，次梁传给主梁的荷载面积为 $l_1 \times l_2$；一般主梁自重及抹灰荷载较次梁传递的集中荷载小得多，故主梁结构自重及抹灰荷载也可以简化为集中荷载。

2.2.3　结构的计算简图

整体式梁板结构的板、次梁及主梁进行内力分析时，必须首先确定结构计算简图。结构计算简图包括结构计算模型和荷载图示。结构计算模型的确定要考虑影响结构内力、变形的主要因素，忽略其次要因素，使结构计算简图尽可能符合实际情况并能简化结构分析。

结构计算模型应注明：结构计算单元，支承条件、计算跨度和跨数等；荷载图示中应给出荷载计算单元，荷载形式、性质，荷载位置及数值等，如图 2-3 所示。

(1) 结构计算单元

整体式单向板梁板结构中，板结构计算单元与板荷载计算单元相同，即取 1m 宽的矩形截面板带作为板结构计算单元。

次梁结构通常取翼缘宽度为次梁间距 l_1 的 T 形截面带，作为次梁结构计算单元。

主梁结构通常取翼缘宽度为主梁间距 l_2 的 T 形截面带，作为主梁结构计算单元。

(2) 结构支承条件与折算荷载

整体式梁板结构中，当板、次梁及主梁支承于砖柱或墙体上时，结构之间均可视为铰支座，砖柱、墙对它们的嵌固作用比较小，可在构造设计中予以考虑。

整体式梁板结构中，板、梁和柱是整体浇筑在一起的，板支承于次梁，次梁支承于主梁，主梁支承于柱。因此，次梁对于板，主梁对于次梁，柱对于主梁将有一定的约束作用，上述约束作用在结构分析时必须予以考虑。

为简化计算假定结构的支承条件为铰支座，由此引起的误差在结构分析时，可以通过增大恒荷载值 g，减小活荷载值 q 的方法加以解决。由于次梁对板的约束作用较主梁对次梁的约束作用大，故对板和次梁荷载采用下述的荷载调整方法，调整后折算荷载值可取为：

板： $$g' = g + \frac{1}{2}q, \quad q' = \frac{1}{2}q \tag{2-1}$$

次梁： $$g' = g + \frac{1}{4}q, \quad q' = \frac{3}{4}q \tag{2-2}$$

式中　g、q——实际作用于结构上的恒荷载和活荷载设计值；

　　　g'、q'——结构分析时采用的折算荷载设计值。

若主梁支承于钢筋混凝土柱上时，其支承条件应根据梁、柱的受弯线刚度比确定，当该比值较大时（一般认为大于 3～4），柱对主梁的约束作用较小，主梁荷载不必进行调整，可将柱视为主梁的铰支座，否则应按梁、柱刚接的框架模型进行结构分析。

(3) 结构计算跨度

整体式梁板结构中，梁、板计算跨度是指单跨梁、板支座反力的合力作用线间的距离。支座反力的合力作用线的位置与结构刚度、支承长度及支承结构材料等因素有关，精确地计算支座反力的合力作用线的位置是非常困难的，因此梁、板的计算跨度只能取近似值。

结构计算跨度可按弹性理论或塑形理论计算取用，在混凝土工程结构设计中，通常取支座中心线间的距离作为计算跨度，这样做比较简便，若结构支座宽度较小时，此种取值方法对结构分析产生的误差一般在允许范围内。

（4）结构计算跨数

结构计算中对于等跨度、等刚度、荷载和支承条件相同的多跨连续梁、板，经结构内力分析表明：除端部两跨内力外，其他所有中间跨的内力都较为接近，内力相差很小，在工程结构设计中可忽略不计。因此，所有中间跨内力可由一跨代表，当结构实际跨数多于5跨时，可按5跨进行内力计算，如图2-4所示。

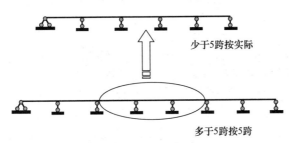

图2-4　多跨连续梁板结构计算跨数

对于多跨连续梁、板的跨数小于5跨时，按实际跨数计算。

对于跨度、刚度、荷载或支承条件不同的多跨连续梁、板，应按实际跨数进行结构分析。

2.2.4　连续梁、板结构按弹性理论的分析方法

1. 结构最不利荷载组合

结构内力是由恒荷载及活荷载共同作用产生的。恒荷载作用位置及荷载值是不变的，在结构中产生的内力亦是不变的。活荷载作用于结构上的位置是变化的，因而在结构中产生的内力亦是变化的。要获得结构某一截面的内力绝对值最大，必须研究结构的最不利荷载组合，结构恒荷载始终参加荷载组合，则结构荷载最不利组合主要是研究活荷载的最不利布置。

以图2-5所示5跨连续梁为例，由弯矩和剪力分布规律以及不同组合后的效果，不难得出结构最不利荷载组合的规律：

（1）当欲求结构某跨跨内截面最大正弯矩时，除恒荷载作用外，应在该跨布置活荷载，然后向两侧隔跨布置活荷载，如图2-5（a）、（b）所示。

（2）当欲求结构某跨跨内截面最大负弯矩（绝对值）时，除恒荷载作用外，应在该跨不布置活荷载，而在相邻两跨布置活荷载，然后向两侧隔跨布置活荷载，与图2-5（a）、（b）相同。

（3）当欲求结构某支座截面最大负弯矩（绝对值）时，除恒荷载作用外，应在该支座相邻两跨布置活荷载，然后向两侧隔跨布置活荷载，如图2-5（c）所示。

（4）当欲求结构边支座截面最大剪力时，除恒荷载作用外，其活荷载布置与求该跨跨内截面最大正弯矩时活荷载布置相同，如图2-5（a）所示。当欲求结构中间跨支座截面最大剪力时，其活荷载布置与求该支座截面最大负弯矩（绝对值）时活荷载布置相同，如图2-5（c）所示。

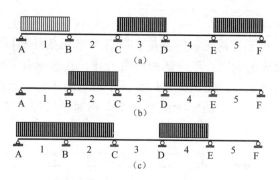

图 2-5　结构的最不利荷载组合

(a) 1、3、5 跨跨中最大正弯矩的活荷载布置；(b) 2、4 跨跨中最大正弯矩的活荷载布置；
(c) B 支座最大负弯矩和最大剪力的活荷载布置

2. 结构内力分析

对于等跨度、等截面和相同均布荷载作用下的连续梁、板，内力分析可利用内力系数表格进行。设计时可直接从表中查得各种荷载作用下的内力系数，从而计算出结构各控制截面的弯矩和剪力值。但应注意，此时应按折算后的荷载值进行内力计算。

对于跨度相对差值小于 10% 的不等跨连续梁、板，其内力也可近似按等跨度结构进行分析。计算支座截面弯矩时，采用相邻两跨计算跨度的平均值，而计算跨内截面弯矩时，采用各自跨的计算跨度。

3. 结构内力包络图

通过结构分析可以知道结构若干控制截面的最危险内力，并可通过计算保证结构截面具有足够的承载力。但对于混凝土连续梁、板结构，由于纵向钢筋的弯起和切断、箍筋直径和间距的变化，结构各截面承载力是不同的，要保证结构所有截面都能安全可靠地工作，必须知道结构所有截面的最大内力值。

结构各截面的最大内力值（绝对值）的连线或点的轨迹，即为结构内力包络图（它包括拉、压、弯、剪、扭内力包络图）。对于梁板结构，有弯矩和剪力包络图。

结构内力图和内力包络图是两个不同的概念，若结构上只有一组荷载作用，则结构各截面只有一组内力，其内力图即为内力包络图，如弯矩和剪力图即为弯矩和剪力包络图。

若结构上有几组不同时作用于结构的荷载，在结构各截面中有几组内力，结构就有几组内力图，如弯矩和剪力图。结构截面上最大内力值（绝对值）的连线（几组内力图分别叠画出的最外轮廓线）即为结构内力包络图，如弯矩和剪力包络图。

2.2.5　连续梁、板结构按塑性理论的分析方法

混凝土是一种弹塑性材料，钢筋在达到屈服时也存在很大的塑性变形，因此钢筋混凝土材料具有明显的弹塑性性质。混凝土出现裂缝后结构各截面的刚度降低，结构各截面刚度比与弹性阶段是不同的，因此混凝土超静定结

构的内力和变形与荷载的关系已不再是线性关系，结构按弹性理论的分析方法必然不能真实反映结构的实际受力与工作状态。另外，按弹性理论分析结构内力与充分考虑材料塑性性能的截面承载力计算也是很不协调的。

为了充分考虑钢筋混凝土材料的塑性性能，建立混凝土超静定结构按塑性理论的内力分析方法，即考虑塑性内力重分布的计算方法是合理的。它既能较好地符合结构的实际受力状态，也能取得一定的经济效益。

下面介绍混凝土超静定结构考虑塑性内力重分布分析方法的基本概念及计算方法。

1. 结构塑性铰

从适筋梁在弯矩作用下正截面应力与应变分析中可知：结构在荷载作用下正截面经历三个受力阶段；适筋梁的内力与变形、曲率或转角具有曲线关系，如图 2-6 所示。

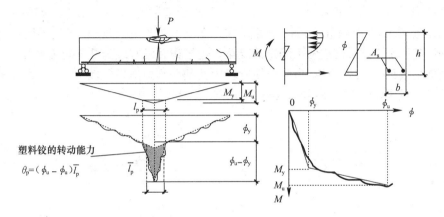

图 2-6　结构塑性铰的内力变形曲线

第 Ⅰ 应力阶段：截面上应力较小，混凝土接近弹性体，结构内力与变形、曲率或转角近似为线性关系。

第 Ⅱ 应力阶段：由于截面上受拉区混凝土出现裂缝及受压区混凝土塑性变形发展，结构截面刚度逐渐减小，结构内力与变形、曲率或转角呈曲线关系。

第 Ⅲ 应力阶段：从截面受拉区钢筋开始屈服，到受压区边缘混凝土达到极限压应变 ε_{cu}。结构承载力值由 M_y 至 M_u 虽然增加很小，但结构变形、曲率或转角却急剧增加，即截面在弯矩值基本不变的情况下发生较大幅度的转动，截面转动是受拉钢筋塑性变形、受拉区混凝土裂缝开展及受压区混凝土塑性变形不断发展的结果。

适筋梁截面第 Ⅲ 应力阶段，截面在维持一定数值弯矩的情况下，发生较大幅度的转动，犹如形成一个"铰链"，转动是材料塑性变形及混凝土裂缝开展的表现，故称为塑性铰。使塑性铰产生转动的弯矩 M_u 称为塑性弯矩。截面的塑性转动值 $(\phi_u - \phi_y)\overline{l_p}$ 称为塑性极限转角，它可表示塑性铰的塑性转动能力。

塑性铰与理想铰不同。①理想铰不能传递弯矩，而塑性铰能传递一定数值的塑性弯矩；②理想铰可以自由无限转动，而塑性铰在塑性弯矩作用下发生有限的转动。当塑性铰的转动幅度超过塑性极限转动角度时，塑性铰将因塑性转动能力耗尽而破坏；③理想铰集中于一点，塑性铰则发生在结构的一个区段上，区段长度大致为（1~1.5）h，h 为梁的截面高度。

塑性铰总是在结构 M/M_u 最大截面处首先出现。在混凝土连续梁、板结构中，塑性铰一般都是出现在支座或跨内截面处。支座处塑性铰一般均在板与次梁、次梁与主梁以及主梁与柱交界处出现。对于结构中间支座为砖墙、柱时，一般将在墙体中心线处出现塑性铰。

2. 结构承载力极限状态

弹性理论分析方法认为：当结构的某一个截面达到承载力极限状态，则整个结构达到承载力极限状态。

结构塑性铰的出现，使混凝土结构承载力极限状态的概念得到扩展。对于混凝土静定结构，当出现一个塑性铰后，结构变为几何可变体系，即达到承载力极限状态，如图 2-7（a）所示。但对于混凝土超静定结构，如两跨混凝土连续梁。在荷载作用下，如果结构在支座 B 处首先出现塑性铰，则结构由两跨超静定连续梁变成两个静定简支梁，但结构并没有成为几何可变体系，它还能继续承受荷载，只有当两个简支梁中的某一跨内出现塑性铰，使结构局部或整体成为几何可变体系时，结构才达到承载力极限状态，如图 2-7（b）所示。

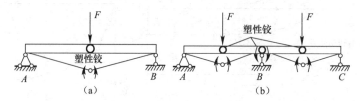

图 2-7　结构承载力极限状态——几何可变体系
(a) 静定结构；(b) 超静定结构

塑性理论分析方法认为：混凝土超静定结构出现一个塑性铰，超静定结构只减少一个多余约束，即减少一次超静定，但结构还能继续承受荷载，只有当结构出现若干个塑性铰，使结构局部或整体成为几何可变体系时，结构才达到承载力极限状态。所以，塑性理论分析方法把极限状态的概念从弹性理论的某一个截面的承载力极限状态扩展到整个结构的承载力极限状态，这就可充分挖掘和利用结构实际潜在的承载能力，因而可以使结构设计更加经济、合理。

3. 塑性内力重分布的过程

混凝土超静定结构在出现塑性铰之前，其内力分布规律与按弹性理论获得的结构内力分布规律基本相同；在塑性铰出现之后，结构内力分布与按弹性理论获得的结构内力分布有显著的不同。按弹性理论分析时，结构内力与荷载呈线性关系；而按塑性理论分析时，结构内力与荷载为非线性关系。

塑性内力重分布可概括为两个过程：第一过程主要发生在受拉混凝土开裂到第一个塑性铰形成之前，由于截面弯曲刚度比值的改变而引起的塑性内力重分布；第二过程发生于第一个塑性铰形成以后直到形成机构、结构破坏，由于结构计算简图的改变而引起的结构塑性内力重分布。

4. 影响塑性内力重分布的因素

受到截面配筋率和材料极限应变值的限制，超静定结构中塑性铰的转动能力有限，如果塑性铰的转动能力达不到形成塑性内力重分布所需的转角，则在尚未形成预期的破坏机构以前，早出现的塑性铰会由于受压区混凝土达到极限压应变值而"过早"破坏。另外，如果在形成破坏机构之前，截面因受剪承载力不足而破坏，也不能实现充分的塑性内力重分布。此外，在设计中除了要考虑承载能力极限状态外，还要考虑正常使用极限状态。结构在正常使用阶段，裂缝宽度和挠度也不宜过大。

由此可见，影响塑性内力重分布的主要因素有以下三个：

(1) 塑性铰的转动能力。为保证塑性铰有足够的转动能力，要求钢筋应具有良好的塑性，混凝土应有较大的极限压应变 ε_{cu} 值，因此工程结构中宜采用 HPB300、HRB335 级钢筋和较低强度等级的混凝土（宜在 C20~C45 范围内）。除此之外，塑性铰处截面的相对受压区高度应满足 $0.10 \leqslant \xi \leqslant 0.35$。研究表明：提高截面高度、减小截面相对受压区高度是提高塑性铰转动能力的最有效措施。

(2) 斜截面受剪承载力。塑性铰截面应有足够的受剪承载力，不致因为斜截面提前受剪破坏而使结构不能实现完全的内力重分布。因此，应采用按弹性和塑性理论计算剪力中的较大值，进行受剪承载力计算，并在塑性铰区段内适当加密箍筋，这样不但能提高结构斜截面受剪承载力，而且还能较为显著地改善混凝土的变形性能，增加塑性铰转动能力。

(3) 正常使用条件。如果最初出现的塑性铰转动幅度过大，塑性铰附近截面的裂缝就可能开展过宽，结构的挠度过大，不能满足正常使用的要求。塑性铰转动幅度与塑性铰处弯矩调整幅度有关：一般建议弯矩调整幅度 $\beta \leqslant 20\%$，对于活荷载 q 和恒荷载 g 之比 $q/g \leqslant 1/3$ 的结构，弯矩调整幅度宜控制在 $\beta \leqslant 15\%$。它可以保证结构在正常使用荷载作用下不出现塑性铰，并可以保证塑性铰处混凝土裂缝宽度及结构变形值在允许限值范围之内。

5. 塑性内力重分布的适用范围

结构按塑性内力重分布方法进行设计时，结构承载力的可靠度低于按弹性理论设计的结构；结构的变形及塑性铰处的混凝土裂缝宽度随弯矩调整幅度增加而增大，因此对于直接承受动力荷载的结构，承载力、刚度和裂缝控制有较高要求的结构，受侵蚀气体或液体作用的结构，不应采用塑性内力重分布的分析方法。例如，在一般梁板结构中的板、次梁多按塑性理论进行设计，而主梁多按弹性理论进行设计。

2.2.6 连续梁、板结构按调幅法的内力计算

1. 调幅法的概念和步骤

混凝土梁板结构有多种按塑性理论的设计方法，如极限平衡法、塑性铰法、变刚度法、强迫转动法、弯矩调幅法以及非线性全过程分析方法等。目前应用较多的是弯矩调幅法，调幅法的特点是概念清楚，方法简便，弯矩调整幅度明确，平衡条件得到满足。

37

弯矩调幅法是把连续梁、板按弹性理论分析方法获得的内力进行适当地调整，通常是对那些弯矩绝对值较大的截面弯矩进行调整，然后按调整后的内力进行截面设计。

截面弯矩的调整幅度用弯矩调幅系数 β 来表示，即

$$\beta = \frac{M_e - M_a}{M_e} \tag{2-3}$$

式中　M_e——按弹性理论算得的弯矩值；

　　　M_a——调幅后的弯矩值。

结构考虑塑性内力重分布的分析方法具体步骤如下：

(1) 按弹性理论计算连续梁、板在各种最不利荷载组合时的结构内力值，其中主要是支座和跨内截面的最大弯矩和剪力值。

(2) 首先确定结构支座截面塑性弯矩值，弯矩调幅系数 $\beta \leqslant 20\%$。塑性弯矩值 $M = (1-\beta)M_e$，M_e 为按弹性理论计算的支座截面弯矩值。

(3) 结构支座截面塑性铰的塑性弯矩值确定之后，超静定连续梁、板结构内力计算就可转化为多跨简支梁、板结构的内力计算。各跨简支梁、板分别在折算恒荷载 g'，折算恒荷载加折算活荷载 $(g'+q')$ 与支座截面调幅后塑性弯矩共同作用下，按静力平衡计算支座截面最大剪力和跨内截面最大正、负弯矩值（绝对值），即可得各跨梁、板在上述荷载作用下，塑性内力重分布的弯矩图和剪力图。梁、板跨中弯矩的设计值可取考虑荷载最不利布置并按弹性方法算得的弯矩设计值和按简支梁计算的 $1.02M_0$ 的弯矩设计值的较大者。

(4) 绘制连续梁、板的弯矩和剪力包络图。

2. 等跨连续梁、板在均布荷载作用下的内力计算

在相同均布荷载作用下的等跨度、等截面连续梁、板，结构各控制截面的弯矩和剪力可按式（2-4）和式（2-5）计算：

弯矩

$$M = \alpha_m (g + q) l_0^2 \tag{2-4}$$

剪力

$$V = \alpha_v (g + q) l_n \tag{2-5}$$

式中　l_0——梁、板结构的计算跨度；

　　　l_n——梁、板结构的净跨度；

　　　g、q——梁、板结构的恒荷载及活荷载设计值；

　　　α_m、α_v——梁、板结构的弯矩及剪力计算系数，见表 2-1 和表 2-2。

连续梁和连续单向板的弯矩计算系数 α_m　　　　　　　表 2-1

支承情况		截面位置					
		端支座	边跨跨中	离端第二支座	离端第二跨跨中	中间支座	中间跨跨中
		A	I	B	II	C	III
梁、板搁支在墙上		0	1/11	2 跨连续： -1/10	1/16	-1/14	1/16
板	与梁整浇连接	-1/16	1/14				
梁		-1/24		3 跨以上连续： -1/11			
梁与柱整浇连接		-1/16	1/14	-1/11			

支承情况	截面位置				
	端支座内侧 A_{in}	离端第二支座		中间支座	
		外侧 B_{ex}	内侧 B_{in}	外侧 C_{ex}	内侧 C_{in}
搁支在墙上	0.45	0.60	0.55	0.55	0.55
与梁或柱整浇连接	0.50	0.55			

相同均布荷载作用下的等跨度、等截面连续梁、板的弯矩系数 α_m 和剪力系数 α_v，是根据 5 跨连续梁、板，活荷载和恒荷载比值 $q/g=3$，弯矩调幅系数大致为 20% 左右等条件确定的。如果结构荷载 $q/g=1/3\sim5$，结构跨数大于或小于 5 跨，各跨跨度相对差值小于 10% 时，上述系数 α_m、α_v 原则上仍可适用。但对于超出上述范围的连续梁、板，结构内力应按调幅法自行调幅计算，并确定结构内力包络图。

2.2.7 连续梁、板结构的截面设计与构造要点

1. 单向板的截面设计与构造要点

（1）设计要点

现浇板的合理厚度应在符合承载力极限状态和正常使用极限状态要求的前提下，按经济合理的原则选定，并考虑防火、防爆等要求。考虑结构安全及舒适度（刚度）的要求，现浇混凝土单向板的跨厚比不大于 30；从构造角度，现浇混凝土单向板厚度 h 应符合最小厚度要求：

屋面板 $h\geqslant60mm$

民用建筑楼板 $h\geqslant60mm$

工业建筑楼板 $h\geqslant70mm$

行车道下的楼板 $h\geqslant80mm$

混凝土连续板支座截面在负弯矩作用下，截面上部受拉，下部混凝土受压，板跨内截面在正弯矩作用下，截面下部受拉，上部混凝土受压；在板中受拉区混凝土开裂后，受压区的混凝土呈一拱形，如果板周边都有梁，能够有效约束"拱"的支座侧移，即能提供可靠的水平推力，则在板中形成具有一定矢高的内拱。内拱结构将以轴心压力形式直接传递一部分竖向荷载作用，使板以受弯、受剪形式承受的竖向荷载相应减小，在工程设计中计算弯矩一般取减小 20%。对于整体式单向板周边（或仅一边）支承在砖墙上的情况，由于内拱作用不够可靠，故内力计算时不考虑拱作用。

混凝土简支板或连续板，由于跨高比较大，一般情况下结构设计总是由弯矩控制，应按弯矩计算纵向钢筋用量，因此板一般不必进行受剪承载力计算。但对于跨高比较小、荷载很大的板，如人防顶板、筏片底板结构等，还应进行板的受剪承载力计算。

（2）配筋构造

连续板的配筋有两种形式：一种是弯起式；一种是分离式，如图 2-8 所示。

39

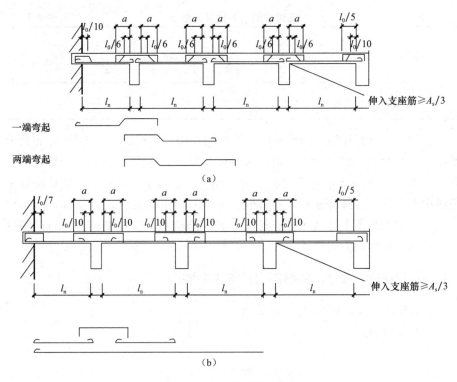

图 2-8 等跨连续板的配筋方案

(a) 弯起式配筋；(b) 分离式配筋

连续单向板当采用弯起式配筋方案时，应根据承载力计算求得连续板各跨支座及跨内截面配筋面积。配筋时首先决定跨内截面钢筋直径和间距，各跨跨内钢筋间距应相同，然后由支座两侧跨内各弯起一半钢筋（每隔一根弯起一根），最后凑支座截面钢筋截面面积。

连续单向板当采用分离式配筋方案时，根据承载力计算求得连续板各跨支座及跨内截面配筋面积，各自决定配筋直径和间距，为便于施工，一个方向的钢筋间距应相同。分离式配筋方案因设计和施工简单而受到工程界的欢迎。

（1）分布钢筋：在板中垂直于受力筋的方向还应配置一定数量的分布筋，分布筋放在受力筋的内侧。其直径不宜小于 6mm，间距不宜大于 250mm，且截面积应不小于板跨内受力筋面积的 15%，且不宜小于该方向板截面面积的 0.15%。设置该分布筋的目的是：浇筑混凝土时固定受力筋的位置；承受板中的温度应力和混凝土收缩应力；承受并分布板上集中或局部荷载产生的内力。

（2）与主梁垂直的附加负筋：连续单向板的短向板是主要的受力方向，长向板虽然受力很小，但在板与主梁的连接处仍存在一定数量的负弯矩，因此板与主梁相交处亦应设置承受负弯矩，并保证主梁腹板与翼缘共同工作的附加负筋。单位宽度配筋面积应不小于短向板单位宽度跨内截面受力钢筋面积的 1/3，且单位长度内应不少于 $5\phi8$，该构造钢筋伸出主梁边缘的长度应不小于板短向计算跨度 l_0 的 1/4，如图 2-9 所示。

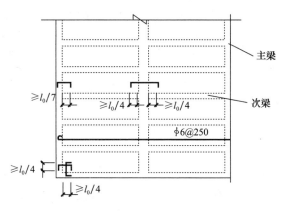

图 2-9　连续单向板配筋的构造规定

（3）与墙体垂直的附加负筋：板支承于墙体时，考虑墙体的局部受压、楼盖与墙体的拉结及板中钢筋在支座处的锚固，板在砌体上的支承长度应不小于 120mm。板在靠近墙体处由于墙体的嵌固作用而产生负弯矩，因此应在板内沿墙体设置承受负弯矩作用的构造钢筋。在沿板的受力方向上，单位宽度配筋面积不应小于该方向单位宽度范围内跨内截面受力钢筋面积的 1/3；沿板的非受力方向配置的构造钢筋，比板的受力方向配置的构造钢筋数量可适当减少；但每米宽度范围内应不少于 5φ8，构造钢筋伸出墙体边缘的长度应不小于板短向计算跨度 l_0 的 1/7，如图 2-9 所示。

（4）板角附加钢筋：对于两边均支承于墙体的板角部分，板在荷载作用下板角部分有向上翘起的趋势，当此种上翘趋势受到上部墙体嵌固约束时，板角部位将产生负弯矩作用，并有可能出现圆弧形裂缝，因此在板角部位两个方向均应配置承受负弯矩的构造钢筋。构造钢筋数量每米长度内应不少于 5φ8，伸出墙体边缘的长度应不小于板短向计算跨度 l_0 的 1/4，如图 2-9 所示。

2. 连续梁的截面设计与构造要点

（1）设计要点

次梁的跨度一般为 4～6m，梁高为跨度的 1/18～1/12，梁宽为梁高的 1/3～1/2；主梁的跨度一般在 5～8m 为宜，梁高为跨度的 1/14～1/8。

混凝土连续主、次梁进行受弯承载力计算时，跨内截面在正弯矩作用下按 T 形截面计算；支座截面在负弯矩作用下应按矩形截面计算，且不考虑位于受拉区的翼缘参与工作。此外，在柱与主、次梁相交处，主、次梁均在负弯矩作用下纵向受力钢筋的布置方法是：板钢筋在最上面，次梁钢筋设在板钢筋下面，而主梁钢筋放在最下部。因此，主、次梁截面有效高度 h_0 取值详见图 2-10 所示。

（2）配筋构造

连续梁的配筋方式也有弯起式和连续式两种，如图 2-11 所示。

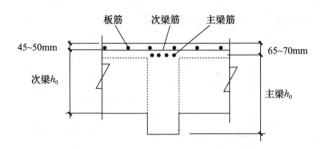

图 2-10　梁、柱相交处梁截面计算高度 h_0 取值

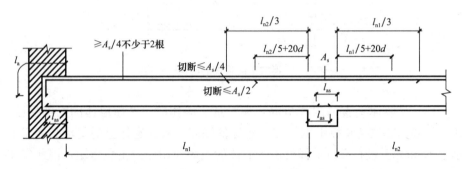

图 2-11　等跨连续次梁配筋的构造规定

主、次梁相交处的附加钢筋：在次梁与主梁相交处，次梁在负弯矩作用下，截面上部受拉，混凝土出现裂缝，如图 2-12 所示，因此次梁的支座反力以集中荷载的形式，通过其截面受压区在主梁截面高度的中、下部传递给主梁，主梁在次梁传递的集中荷载作用下，其下部混凝土可能产生斜裂缝，而发生冲切破坏。为保证主梁局部有足够的受冲切承载力，可在 s 范围内配置附加箍筋或吊筋，并优先采用附加箍筋，如图 2-12 所示。

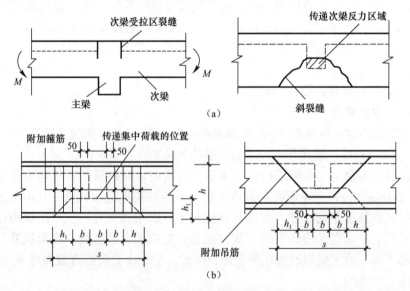

图 2-12　吊筋与附加箍筋的布置

附加箍筋或吊筋按式（2-6）和式（2-7）计算：

集中荷载全部由吊筋承受时

$$A_s = \frac{F}{2f_y \sin\alpha} \qquad (2\text{-}6)$$

集中荷载全部由附加箍筋承受时

$$m \geq \frac{F}{nf_{yv}A_{sv1}} \qquad (2\text{-}7)$$

式中　F——由主梁两侧次梁传来的集中荷载设计值；

　f_y、f_{yv}——吊筋或附加箍筋的抗拉强度设计值；

　m、n——附加箍筋的排数与箍筋的肢数；

A_s、A_{sv1}——吊筋截面面积与附加单肢箍筋截面面积；

　α——吊筋与梁轴线的夹角。

2.3　整体式双向板梁板结构

整体式双向板梁板结构也是比较普遍应用的一种结构形式。通常用于民用和工业建筑中柱网间距较大的大厅、商场和车间的楼、屋盖等结构。本节将研究双向板梁板结构的结构分析与设计，其中包括构造设计。

2.3.1　双向板的受力特点

整体式双向板梁板结构中的四边支承板，在荷载作用下板的荷载由短边和长边两个方向板带共同承受，各板带分配的荷载值与 l_{02}/l_{01} 比值有关。当 l_{02}/l_{01} 比值接近时，两个方向板带的弯矩值较为接近。随 l_{02}/l_{01} 比值增大，短向板带弯矩值逐渐增大；长向板带弯矩值逐渐减小。

四边简支双向板的均布加载试验表明：

（1）板的竖向位移呈碟形，板的四角处有向上翘起的趋势，因此板传给四边支座的压力是不均匀的，中部大、两端小。

（2）均布荷载作用下的正方形平面四边简支双向板，在混凝土裂缝出现之前，板基本上处于弹性工作状态，短跨方向的最大正弯矩出现在中点，而长跨方向的最大正弯矩偏离跨中截面。随荷载增加首先在板底中央处出现裂缝，然后裂缝沿对角线方向向板角处扩展，在板接近破坏时板四角处顶面亦出现圆弧形裂缝，它促使板底对角线裂缝进一步扩展，最后由于对角线裂缝处截面受拉钢筋达到屈服点，混凝土达到抗压强度导致双向板破坏，如图 2-13（a）所示。

（3）对于均布荷载作用下的矩形平面四边简支双向板，第一批混凝土裂缝出现在板底中部且平行于板的长边方向，随荷载增加裂缝向板角处延伸，伸向板角处的裂缝与板边大体呈 45°角，在

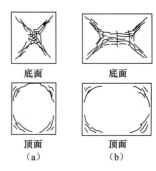

底面　　　底面

顶面　　　顶面

（a）　　　（b）

图 2-13　钢筋混凝土双向板的破坏裂缝

接近破坏时板四角处顶面出现圆弧形裂缝，最后由于跨中及 45°角方向裂缝处截面受拉钢筋达到屈服点，混凝土达到抗压强度导致双向板破坏，如图 2-13（b）所示。

双向板裂缝处截面钢筋从开始屈服至截面即将破坏，截面处于第Ⅲ应力阶段，与前述塑性铰的概念相同，此处因钢筋达到屈服所形成的临界裂缝称为塑性铰线，塑性铰线的出现使结构被分割的若干板块成为几何可变体系，结构达到承载力极限状态，如图 2-13 所示。

2.3.2　双向板按弹性理论的分析方法

双向板按弹性理论的分析方法视混凝土为弹性体，计算板的内力与变形，其求解简便且偏于安全。

1. 单区格双向板的内力及变形计算

对于单区格双向板，多采用根据弹性薄板理论的内力及变形计算结果编制的表格，进行双向板的内力和变形分析。双向板在均布荷载作用下的弯矩和挠度系数，详见附录，表中列出了六种不同边界条件的双向板。计算时，只需根据支承情况和短跨与长跨的比值，查出弯矩和挠度系数，即可计算各种单区格双向板的最大弯矩及挠度值。

$$M = 表中系数 \times (g + q)l_0^2 \tag{2-8}$$

$$v = 表中系数 \times \frac{(g + q)l_0^4}{B_c} \tag{2-9}$$

式中　M——双向板单位宽度中央板带跨内或支座处截面最大弯矩设计值；

　　　v——双向板中央板带处跨内最大挠度值；

　　g、q——双向板上均布恒荷载及活荷载设计值；

　　　l_0——取 l_{0x}、l_{0y} 中的较小值，l_{0x}、l_{0y} 双向板短向和长向板带计算跨度，按弹性方法计算；

　　　B_c——双向板板带截面受弯截面刚度。

对于由该表系数求得的跨内截面弯矩值（泊松比 $\mu = 0$ 时），尚应考虑双向弯曲对两个方向板带弯矩值的相互影响，按式（2-10）和式（2-11）计算：

$$m_x^{(\mu)} = m_x + \mu m_y \tag{2-10}$$

$$m_y^{(\mu)} = m_y + \mu m_x \tag{2-11}$$

式中　$m_x^{(\mu)}$、$m_y^{(\mu)}$——考虑双向弯矩相互影响后的 x、y 方向单位宽度板带的跨内弯矩设计值；

　　　m_x、m_y——按 $\mu = 0$ 计算的 x、y 方向单位宽度板带的跨内弯矩设计值；

　　　μ——泊松比，对于钢筋混凝土，$\mu = 0.2$。

2. 多区格等跨连续双向板的内力及变形计算

多区格等跨连续双向板内力分析多采用以单区格为基础的实用的近似计算方法。该法假定双向板支承梁受弯线刚度很大，其竖向位移可忽略不计；支承梁受扭线刚度很小，可以自由转动。上述假定可将支承梁视为双向板的不动铰支座，从而使内力计算得到简化。

（1）各区格板跨内截面最大弯矩值

欲求某区格板两个方向跨内截面最大正弯矩，活荷载按图 2-14 所示的棋盘式布置。对这种荷载分布情况可以分解成满布荷载 $g+q/2$ 及间隔布置 $\pm q/2$ 两种情况，分别如图 2-14 （c）和图 2-14 （d）所示。对于前一种荷载情况，可近似认为各区格板都固定支承在中间支承上；对于后一种荷载情况，可近似认为各区格板在中间支承上都是简支的；对于边区格和角区格板的外边界支承条件按实际情况确定。将各区格板在上述两种荷载作用下，求得的板跨内截面正、负弯矩值（绝对值）叠加，即可得到各区格板的跨内截面最大正、负弯矩值。

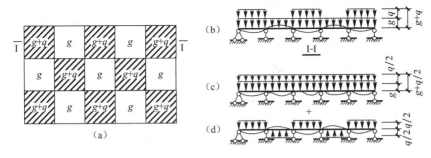

图 2-14　多区格双向板活荷载的最不利布置

（2）各区格板支座截面最大负弯矩值

欲求各区格板支座截面最大负弯矩（绝对值）时，可近似按各区格板满布活荷载求得。可认为中间支座截面转角为零，即将板的所有中间支座均可视为固定支座，对于边区格和角区格板的外边界支承条件按实际情况确定。根据各单区格板的四边支承条件，可分别求出板在满布荷载 $g+q$ 作用下支座截面的最大负弯矩值（绝对值）。但对于某些相邻区格板，当单区格板跨度或边界条件不同时，两区格板之间的支座截面最大负弯矩值（绝对值）可能不相等，一般可取其平均值作为该支座截面的负弯矩设计值。

2.3.3　双向板按塑性理论的分析方法

混凝土为弹塑性材料，因而双向板按弹性理论的分析方法的计算与试验结果有较大差异，双向板是超静定结构，在受力过程中将产生塑性内力重分布，因此考虑混凝土的塑性性能求解双向板问题，才能符合双向板的实际受力状态，才能获得较好的经济效益。

双向板按塑性理论的分析方法很多，常用的有机动法、塑性铰线法及条带法等。目前，应用范围较广、至今仍占首位的当属塑性铰线法。用塑性铰线法计算双向板分两个步骤：首先假定板的破坏机构，即由一些塑性铰线把板分割成由若干个刚性板所组成的破坏机构；然后根据平衡条件建立荷载与作用在塑性铰线上的弯矩之间的关系，从而求出各塑性铰线上的弯矩，以此作为各截面的弯矩设计值进行配筋设计。

1. 塑性铰线法的基本假定

（1）双向板达到承载能力极限状态时，在荷载作用下的最大弯矩处形成塑性铰线，将整体板分割若干板块，并形成几何可变体系。

（2）双向板在均布荷载作用下塑性铰线是直线。塑性铰线的位置与板的形状、尺寸、边界条件、荷载形式、配筋位置及数量等有关。通常板的负塑性铰线发生在板上部的固定边界处，板的正塑性铰线发生在板下部的正弯矩处，正塑性铰线则通过相邻板块转动轴的交点，如图2-15所示。

（3）双向板的板块弹性变形远小于塑性铰线处的变形，故板块可视为刚性体，整体双向板的变形集中于塑性铰线上，当板达到承载能力极限状态时，各板块均绕塑性铰线转动。

（4）双向板满足几何条件及平衡条件的塑性铰线位置，有许多组可能性，但其中必定有一组最危险、极限荷载值为最小的结构塑性铰线破坏模式。

（5）双向板在上述塑性铰线处，钢筋达到屈服点，混凝土达到抗压强度，截面具有一定数值的塑性弯矩。板的正弯矩塑性铰线处，扭矩和剪力很小，可忽略不计。

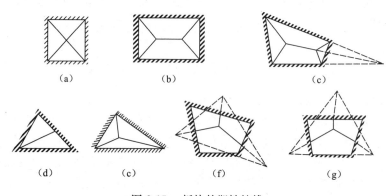

图2-15　板块的塑性铰线

2. 塑性铰线法的基本方程

现以均布荷载作用下的四边固支矩形双向板为例，采用塑性铰线法进行双向板的内力分析。双向板在极限荷载 p 作用下，在通常配筋情况下，塑性铰线首先在四边支承板的支座处出现负塑性铰线，随荷载增加在板下部也出现正塑性铰线。为了简化计算，对板下部斜向塑性铰线与板边的夹角可近似取 $45°$ 角。上述四边固支双向板极限荷载值最小时，结构极限平衡法的计算模式如图2-16所示。塑性铰线将整块板分割成四个板块，每个板块均应满足力和力矩的平衡条件，根据板块的极限平衡可求得板的极限荷载 p 值。

板跨内承受正弯矩的钢筋沿 l_{0x}、l_{0y} 方向塑性铰线上单位板宽内的极限弯矩和总极限正弯矩分别为：

$$m_x = A_{sx} f_y \gamma_s h_{0x} \tag{2-12}$$

$$m_y = A_{sy} f_y \gamma_s h_{0y} \tag{2-13}$$

$$M_x = l_{0y} m_x \tag{2-14}$$

$$M_y = l_{0x} m_y \tag{2-15}$$

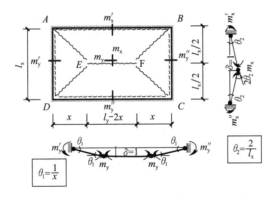

图 2-16　四边固支双向板塑性铰线法的计算模式

板支座上承受负弯矩的钢筋沿 l_{0x}、l_{0y} 方向塑性铰线上单位板宽内的极限弯矩和总极限负弯矩分别为：

$$m'_x = m''_x = A'_{sx} f_y \gamma_s h'_{0x} = A''_{sx} f_y \gamma_s h''_{0x} \tag{2-16}$$

$$m'_y = m''_y = A'_{sy} f_y \gamma_s h'_{0y} = A''_{sy} f_y \gamma_s h''_{0y} \tag{2-17}$$

$$M'_x = M''_x = l_{0y} m'_x = l_{0y} m''_x \tag{2-18a}$$

$$M'_y = M''_y = l_{0x} m'_y = l_{0x} m''_y \tag{2-18b}$$

式中　　　　　　　　A_{sx}、A_{sy} 及 $\gamma_s h_{0x}$、$\gamma_s h_{0y}$——分别为板跨内截面沿 l_{0x}、l_{0y} 方向单位板宽内的纵向受力钢筋截面面积及其内力偶臂；

A'_{sx}、A''_{sx}，A'_{sy}、A''_{sy} 及 $\gamma_s h'_{0x}$、$\gamma_s h''_{0x}$、$\gamma_s h'_{0y}$、$\gamma_s h''_{0y}$——分别为板支座截面沿 l_{0x}、l_{0y} 方向单位板宽内的纵向受力钢筋截面面积及其内力偶臂。

现取梯形 ABFE 板块为脱离体，根据脱离体力矩极限平衡条件，得：

$$l_{0y} m_x + l_{0y} m'_x = p(l_{0y} - l_{0x}) \frac{l_{0x}}{2} \times \frac{l_{0x}}{4} + p \times 2 \times \frac{1}{2} \left(\frac{l_{0x}}{2}\right)^2 \times \frac{1}{3} \times \frac{l_{0x}}{2}$$

$$= p l_{0x}^2 \left(\frac{l_{0y}}{8} - \frac{l_{0x}}{12}\right)$$

即

$$M_x + M'_x = p l_{0x}^2 \left(\frac{l_{0y}}{8} - \frac{l_{0x}}{12}\right) \tag{2-19}$$

同理，对于 CDEF 板块：

$$M_x + M''_x = p l_{0x}^2 \left(\frac{l_{0y}}{8} - \frac{l_{0x}}{12}\right) \tag{2-20}$$

又取三角形 ADE 板块为脱离体，根据脱离体力矩极限平衡条件，得：

$$l_{0x} m_y + l_{0x} m'_y = p \times \frac{1}{2} \times \frac{l_{0x}}{2} l_{0x} \times \frac{1}{3} \times \frac{l_{0x}}{2} = p \frac{l_{0x}^3}{24}$$

即

$$M_y + M_y' = p\frac{l_{0x}^3}{24} \tag{2-21}$$

同理，对于 BCF 板块：

$$M_y + M_y'' = p\frac{l_{0x}^3}{24} \tag{2-22}$$

将以上四式相加即得四边固支时均布荷载作用下双向板总弯矩极限平衡方程，即：

$$2M_x + 2M_y + M_x' + M_x'' + M_y' + M_y'' = \frac{pl_{0x}^2}{12}(3l_{0y} - l_{0x}) \tag{2-23}$$

若四边支承板为四边简支双向板时，由于支座处塑性铰线弯矩值等于零，即 $M_x' = M_x'' = M_y' = M_y'' = 0$，根据公式（2-23）可得四边简支双向板总弯矩极限平衡方程为：

$$M_x + M_y = \frac{pl_{0x}^2}{24}(3l_{0y} - l_{0x}) \tag{2-24}$$

上式是四边支承双向板按极限平衡法计算的基本方程，它表明双向板塑性铰线上截面总极限弯矩与极限荷载 p 之间的关系。双向板计算时塑性铰线的位置与结构达到承载力极限状态时的塑性铰线位置越接近，极限荷载 p 值计算精度越高。因此，正确确定结构塑性铰线计算模式是结构计算的关键。本节各式中 l_{0x} 和 l_{0y} 按塑性方法计算。

3. 双向板的塑性设计

双向板在达到承载力极限状态时，为保证塑性设计时塑性铰线计算模式的实现，必须采取以下构造措施及相应的计算方法。

（1）双向板的一般配筋形式

按塑性理论设计双向板时，配筋情况将会影响板的极限承载力及钢筋用量，为此通常先确定板的配筋形式，如图 2-17 或分离式配筋，板的跨内钢筋通常沿板宽方向均匀布置，同时可将板的跨内正弯矩钢筋在距支座一定距离处弯起部分作为支座负弯矩钢筋（不足部分可另设直钢筋），伸过支座一定长度后，由于受力不再需要可以切断，但必须注意弯起及切断的位置。

（2）双向板的其他破坏形式

若双向板的跨内钢筋弯起过早或弯起数量过多时，可能将使余下的钢筋不能承受该处的正弯矩，以致使该处的钢筋比跨内钢筋先达到屈服而出现塑性铰线，形成如图 2-17 所示"倒锥台形"的破坏形式，并将导致双向板极限荷载的降低。验算表明，另 $\alpha = \dfrac{m_y}{m_x} = \left(\dfrac{l_{0x}}{l_{0y}}\right)^2$，$\beta = \dfrac{m_x'}{m_x} = \dfrac{m_x''}{m_x} = \dfrac{m_y'}{m_y} = \dfrac{m_y''}{m_y}$，如跨内钢筋在距支座 $l_{0x}/4$ 处弯起一半，当

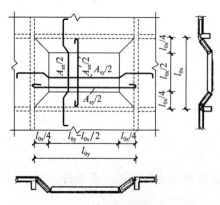

图 2-17　双向板配筋及
"倒锥台形"破坏形式

取 $\alpha = \dfrac{1}{n^2}$，$n = \dfrac{l_{0y}}{l_{0x}}$，$\beta = 1.5 \sim 2.5$ 时，将不会形成这种破坏机构。

（3）单区格双向板计算

根据前述，板采用弯起式配筋形式，跨内正弯矩钢筋在距支座 $l_{0x}/4$ 处弯起一半作为支座负弯矩钢筋，在板的 $l_{0x}/4 \times l_{0x}/4$ 角隅区将有一半钢筋弯至板顶部，而不再承受正弯矩，则双向板塑性铰线上的总弯矩为：

$$M_x = \left(l_{0y} - \frac{l_{0x}}{2}\right)m_x + 2 \times \frac{l_{0x}}{4} \times \frac{m_x}{2} = \left(l_{0y} - \frac{l_{0x}}{4}\right)m_x \tag{2-25}$$

$$M_y = \frac{l_{0x}}{2}m_y + 2 \times \frac{l_{0x}}{4} \times \frac{m_y}{2} = \frac{3}{4}l_{0x}m_y = \frac{3}{4}\alpha l_{0x}m_x \tag{2-26}$$

$$M'_x = M''_x = l_{0y}m'_x = \beta l_{0y}m_x \tag{2-27}$$

$$M'_y = M''_y = l_{0x}m'_y = \beta \alpha l_{0x}m_x \tag{2-28}$$

若双向板采用分离式配筋形式，各塑性铰线上总弯矩为：

$$M_x = l_{0y}m_x \tag{2-29}$$

$$M_y = l_{0x}m_y = \alpha l_{0x}m_x \tag{2-30}$$

$$M'_x = M''_x = l_{0y}m'_x = \beta l_{0y}m_x \tag{2-31}$$

$$M'_y = M''_y = l_{0x}m'_y = \beta l_{0x}m_y = \beta \alpha l_{0x}m_x \tag{2-32}$$

然后可利用双向板塑性设计基本方程式（2-23）进行内力和配筋计算。采用该公式求解时需预先选定截面内力间的比值 α 和 β。

从经济观点和构造要求考虑做如下假定：

1）通常可取为 $\alpha = \dfrac{m_y}{m_x} = \left(\dfrac{l_{0x}}{l_{0y}}\right)^2 = \dfrac{1}{n^2}$，$n = \dfrac{l_{0y}}{l_{0x}}$，其目的是使塑性设计与弹性计算时板跨内两个方向的弯矩比值相近，亦即在使用阶段跨内两个方向的截面应力较为接近。

2）为了防止发生"局部倒锥形"破坏，β 值可在 $1.5 \sim 2.5$ 之间选用。

双向板在选定内力比值后，即可用 m_x 表达双向板跨内及支座弯矩值，进而可求出截面相应配筋 A_{sx}，$\cdots$，A''_{sy}。

（4）多区格连续双向板计算

在计算连续双向板时，内区格板可按四边固定的单区格板进行计算，边区格或角区格板可按外边界的实际支承情况的单区格板进行计算。计算时，首先从中间区格板开始，将中间区格板计算得出的各支座弯矩值，作为计算相邻区格板支座的已知弯矩值。这样，依次由内向外直至外区格板可一一求解。

2.3.4　双向板的截面设计与构造要求

1. 截面设计

（1）双向板厚度

一般不做刚度验算时板的最小厚度不应小于 80mm，板的跨厚比不大于 40。当双向板平面尺寸较大时，板除进行结构承载力计算外，尚应进行刚度、裂缝控制验算；必要时还应考虑活荷载作用下结构的振颤问题。

（2）板的截面有效高度

由于是双向配筋，两个方向的截面有效高度不同。双向板短向板带弯矩值比长向板带大，故短向钢筋应放在长向钢筋的外侧，截面有效高度 h_0 可取为：

短跨方向 $h_0 = h - 20\text{mm}$；

长跨方向 $h_0 = h - 30\text{mm}$。

求双向板截面配筋时，内力臂系数可近似取 $\gamma_s = 0.90 \sim 0.95$。

（3）板的空间内拱作用

多区格连续双向板在荷载作用下，由于四边支承梁的约束作用，与多跨连续单向板相似，双向板也存在空间拱作用，使板的支座及跨中截面弯矩值均将减小。因此，周边与梁整体连接的双向板，其截面弯矩计算值按下述情况予以减小：

1）中间区格板的支座及跨内截面减小 20%。

2）边区格板的跨内截面及第一内支座截面，当 $l_{0b}/l_0 < 1.5$ 时减小 20%；当 $1.5 \leqslant l_{0b}/l_0 \leqslant 2.0$ 时减小 10%，式中，l_{0b} 为沿板边缘方向的计算跨度；l_0 为垂直板边缘方向的计算跨度。

3）角区格板截面弯矩值不予折减。

双向板与单向板一样，由于跨高比较大，板的受弯承载力极限状态先于受剪承载力极限状态出现，故一般情况下不作受剪承载力验算。

2. 构造要求

双向板的配筋方式与单向板类似，有弯起式和分离式两种，为施工方便，目前在工程中多采用分离式配筋。

按弹性理论方法设计时，板跨内截面配筋数量是根据中央板带最大正弯矩值确定的，而靠近两边的板带跨内截面正弯矩值向两边逐渐减小，故配筋数量亦应向两边逐渐减小。考虑到施工方便，可将板在两个方向上各划分成三个板带，即边区板带和中间板带，如图 2-18 所示。板的中间板带跨内截面按最大正弯矩配筋；而边区板带配筋数量可减少一半且每米宽度内不得少于 5 根。对于多区格连续板支座截面负弯矩配筋在支座宽度范围内均匀设置。

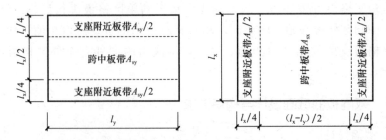

图 2-18　双向板配筋时板带的划分

按塑性铰线法设计时，板的跨内及支座截面钢筋通常均匀设置。

沿墙边、墙角处的构造钢筋与单向板相同。

2.3.5 双向板支承梁的设计

当双向板承受竖向荷载时，直角相交的相邻支承梁总是按 45°线来划分负荷范围的。因此双向板传递给支承梁的荷载分布为：双向板长边支承梁上荷载呈梯形分布；短边支承梁上荷载呈三角形分布，如图 2-19 所示；支承梁结构自重及抹灰荷载仍为均匀分布。

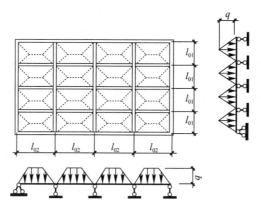

图 2-19   双向板支承梁计算简图

按弹性理论计算支承梁时，可将支承梁上的梯形或三角形荷载根据支座截面弯矩相等的原则换算为等效均布荷载，如图 2-20 所示。

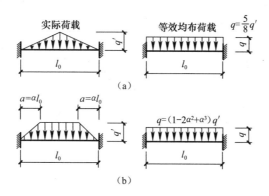

图 2-20   三角形及梯形荷载换算为等效均布荷载

按塑性理论计算支承梁时，可在弹性理论计算求得支座截面弯矩的基础上，应用调幅法确定支座截面塑性弯矩值，再按支承梁实际荷载求得跨内截面弯矩值。

2.4 整体式无梁楼盖

2.4.1 结构组成与受力特点

无梁楼盖是由板和柱组成的板柱框架结构体系。无梁楼盖中一般将混凝土板支承于柱上，常用的均为双向板无梁楼盖，与相同柱网尺寸的梁板结构相比，其板的厚度要大一些。为了提高柱顶板的受冲切承载力及减小板中的弯矩值，往往在柱顶处设置柱帽。

无梁楼盖的优点是结构体系简单，传力途径短捷，建筑层间高度较肋梁楼盖为小，因此可以减小房屋的体积和墙体结构；顶棚平整，可以大大改善采光、通风和卫生条件，并可节省模板，简化施工。一般当楼面荷载在 $5kN/m^2$ 以上，跨度在 6m 以内时，无梁楼盖较肋梁楼盖经济。因此，无梁楼盖常用于多层厂房、仓库、商场、冷藏库等建筑。

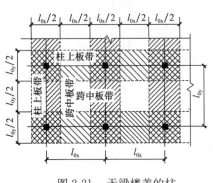

图 2-21 无梁楼盖的柱
上板带和跨中板带

无梁楼盖在竖向荷载作用下，相当于受点支承的平板，根据其静力工作特点，可将楼板在纵横两个方向假想划分为两种板带，如图 2-21 所示，柱中心线两侧各宽的板带称为柱上板带；柱距中间宽度 $l_{0x}/2$（或 $l_{0y}/2$）的板带称为跨中板带。

试验研究表明：在均布荷载作用下，于柱帽顶面边缘上出现第一批裂缝，继续加荷载，于板顶沿柱列轴线也出现裂缝；随着荷载的增加，在板顶裂缝不断发展的同时，于跨内板底出现相互垂直且平行于柱列轴线的裂缝，并不断发展；当结构即将达到承载力极限状态时，在柱帽顶面上和柱列轴线的板顶以及跨中板底的裂缝中出现一些较大的主裂缝。在上述混凝土裂缝处，受拉钢筋达到屈服，受压区混凝土达到抗压强度，混凝土裂缝处塑性铰线的"相继"出现，使楼盖结构产生塑性内力重新分布，并将楼盖结构分割成若干板块，使结构变成几何可变体系，结构达到承载力极限状态。

2.4.2 无梁楼盖柱帽设计

无梁楼盖柱帽平面可为方形或圆形，剖面有三种形式：（1）无顶板柱帽，适用于板面荷载较小时；（2）折线形柱帽：适用于板面荷载较大时，它的传力过程比较平缓，但施工较为复杂；（3）有顶板柱帽：使用条件同第二种，施工方便但传力作用稍差。

无梁楼盖的柱帽计算主要是指柱帽处楼板支承面的受冲切承载力验算，如图 2-22 所示，其计算公式如下：

$$F_l \leqslant F_{lu} = 0.7\beta_h f_t \eta u_m h_0 \quad (2\text{-}33)$$

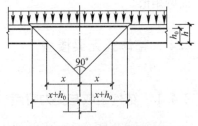

式中　f_t——混凝土的抗拉强度设计值；
　　　β_h——截面高度影响系数，当 $h \leqslant$ 800mm 时，取 $\beta_h = 1.0$；当 $h \geqslant 2000mm$ 时，取 $\beta_h = 0.9$；其间按线性内插法取用；

图 2-22 柱帽冲切破坏形态

u_m——距冲切破坏锥体周边 $h_0/2$ 处的周长；

h_0——板冲切破坏锥体的有效高度；

F_l——冲切力设计值，即柱所承受的轴力设计值减去柱顶冲切破坏锥体范围内的荷载设计值，可按下式计算（x、y 如图 2-22 所示，其中 y 与 x 方向垂直）：

$$F_l = (g+q)\left[l_{0x}l_{0y} - 4(x+h_0)(y+h_0)\right] \tag{2-34}$$

η——系数，按下式计算并取其中较小值：

$$\eta_1 = 0.4 + \frac{1.2}{\beta_s} \tag{2-35a}$$

$$\eta_2 = 0.5 + \frac{\alpha_s h_0}{4 u_m} \tag{2-35b}$$

式中　η_1——局部荷载或集中反力作用面积形状的影响系数；

η_2——临界截面周长与板截面有效高度之比的影响系数；

β_s——局部荷载或集中反力作用面积为矩形时的长边与短边尺寸的比值，β_s 不宜大于 4；当 $\beta_s < 2$ 时，取 $\beta_s = 2$；当面积为圆形时，取 $\beta_s = 2$；

α_s——板柱结构中柱类型的影响系数；对中柱，取 $\alpha_s = 40$；对边柱，取 $\alpha_s = 30$；对角柱，取 $\alpha_s = 20$。

若无梁楼盖支承面的受冲切承载力不满足式（2-33）的要求，且板厚不小于 150mm 时，可配置箍筋或弯起钢筋。此时受冲切截面必须满足下式条件：

$$F_l \leqslant 1.2 f_t \eta u_m h_0 \tag{2-36}$$

当配置箍筋时，受冲切承载力按下式计算：

$$F_l \leqslant 0.5 f_t \eta u_m h_0 + 0.8 f_{yv} A_{svu} \tag{2-37}$$

当配置弯起钢筋时，受冲切承载力按下式计算：

$$F_l \leqslant 0.5 f_t \eta u_m h_0 + 0.8 f_y A_{sbu} \sin\alpha \tag{2-38}$$

式中　A_{svu}——与呈 45° 冲切破坏锥体斜截面相交的全部箍筋截面面积；

A_{sbu}——与呈 45° 冲切破坏锥体斜截面相交的全部弯起钢筋截面面积；

f_{yv}——箍筋抗拉强度设计值；

f_y——弯起钢筋抗拉强度设计值；

α——弯起钢筋与板底面的夹角。

对于配置抗冲切箍筋或弯起钢筋的冲切破坏锥体以外截面，仍应按式（2-33）进行受冲切承载力的验算。此时，u_m 应取配置抗冲切钢筋的冲切破坏锥体以外 $0.5h_0$ 处的最不利周长计算。

2.4.3　无梁楼盖的内力分析方法

无梁楼盖的内力分析方法，也分为按弹性理论和按塑性理论两种。按弹性理论计算有弹性薄板法、经验系数法和等代框架法等。本节仅介绍工程中常用的按弹性理论计算的经验系数法和等代框架法。

1. 经验系数法

此法先计算出板的两个方向的截面总弯矩，再将截面总弯矩分配给同一方向的柱上板带和跨中板带。经验系数法使用时必须符合下列条件：

（1）无梁楼盖中每个方向至少应有三个连续跨；

（2）无梁楼盖中同一方向上的最大跨度与最小跨度之比应不大于 1.2，且两端跨的跨度不大于相邻跨的跨度；

（3）无梁楼盖中任意区格内的长跨与短跨的跨度之比不大于 1.5；

（4）无梁楼盖中可变荷载不大于永久荷载的 3.0 倍；

（5）为了保证无梁楼盖本身不承受水平荷载产生的弯矩作用，在无梁楼盖的结构体系中应具有抗侧力支撑或剪力墙。

在经验系数法中还假设永久荷载与可变荷载满布在整个板面上，计算步骤如下：

（1）分别按下式计算每个区格两个方向的总弯矩设计值：

x 方向
$$M_{0x} = \frac{1}{8}(g+q)l_{0y}\left(l_{0x} - \frac{2}{3}c\right)^2 \tag{2-39}$$

y 方向
$$M_{0y} = \frac{1}{8}(g+q)l_{0x}\left(l_{0y} - \frac{2}{3}c\right)^2 \tag{2-40}$$

式中　g、q——板面永久荷载及可变荷载设计值；

　　　l_{0x}、l_{0y}——区格板沿纵横两个方向的柱网轴线尺寸；

　　　　　c——柱帽计算宽度。

（2）将每一方向的总弯矩分别分配给柱上板带和跨中板带的支座截面和跨中截面，即将总弯矩（M_{0x} 或 M_{0y}）乘以表 2-3 中所列系数。

无梁双向板的弯矩计算系数　　　　　　　　　表 2-3

截　面	边跨			内跨	
	边支座	跨中	内支座	跨中	支座
柱上板带	-0.48	0.22	-0.50	0.18	-0.50
跨中板带	-0.05	0.18	-0.17	0.15	-0.17

（3）在保持总弯矩值不变的情况下，允许将柱上板带负弯矩的 10% 分配给跨中板带负弯矩。

2. 等代框架法

当不满足经验系数法计算无梁楼盖的适用条件时，一般普遍采用等代框架法。等代框架法的适用范围为任一区格的长跨与短跨之比不大于 2。

等代框架法是将整个结构分别沿纵、横柱列两个方向划分，并将其视为纵向等代框架和横向等代框架。计算步骤如下：

（1）计算等代框架梁、柱的几何特性。等代框架梁实际上是将无梁楼盖板视为梁，其宽度为：当竖向荷载作用时，取等于板跨中心线间的距离；当水平荷载作用时，取等于板跨中心线距离的一半。等代框架梁的高度即板的厚度。等代框架梁的跨度，两个方向分别等于 $l_{0x} - 2c/3$ 和 $l_{0y} - 2c/3$。等代框架柱的计算高度为：对于各楼层，取层高减去柱帽的高度；对于底层，取基础顶面至该层楼板底面的高度减去柱帽的高度。

（2）按框架计算内力。当等代框架仅有竖向荷载作用时，可近似按分层法计算，即将所计算的上、下层楼板均视为上层柱与下层柱的固定远端。将一个等代多层框架计算变为简单的二层或一层框架的计算。当等代框架受水平荷载作用时，可采用反弯点法或 D 值法计算结构内力。

（3）计算所得的等代框架控制截面总弯矩值，按照划分的柱上板带和跨中板带分别确定支座和跨中弯矩设计值，即将总弯矩值乘以表 2-4 中所列的分配系数。

等代框架梁的弯矩计算系数 表 2-4

截 面	边跨			内跨	
	边支座	跨中	内支座	跨中	支座
柱上板带	0.90	0.55	0.75	0.55	0.75
跨中板带	0.10	0.45	0.25	0.45	0.25

2.4.4 无梁楼盖板截面设计与构造要求

（1）截面的弯矩设计值

当竖向荷载作用时，有柱帽的无梁楼板内跨，应考虑结构的空间内拱作用等有利影响，除边跨及边支座外，其余部位截面的弯矩设计值乘以 0.8 的折减系数。

（2）板的厚度

板厚必须使楼盖具有足够的刚度，在设计时板厚 h 宜遵守下列规定：无梁楼盖的板厚均应古大于等于 150mm。有顶板柱帽时 $h \geq l_0/35$；无顶板柱帽时 $h \geq l_0/32$；l_0 为区格板的长边计算跨长。无柱帽时，柱上板带可适当加厚，加厚部分的宽度取相应板跨的 30%。

（3）板的配筋

无梁楼盖板的配筋一般采用双向配筋，施工简便也比较经济。配筋形式也有弯起式和分离式两种。通常采用分离式配筋，这样既可减少钢筋类型，又便于施工。钢筋的直径和间距，与一般双向板的要求相同，但对于承受负弯矩的钢筋宜采用直径大于 $\phi 12$ 的钢筋，以保证施工时具有一定的刚度。

（4）边梁

无梁楼盖周边应设置边梁，其截面高度应大于板厚的 2.5 倍，与板形成倒 L 形截面。边梁除承受荷载产生的弯矩和剪力之外，还承受由垂直于边梁方向各板带传来的扭矩，所以应按弯剪扭构件进行设计，由于扭矩计算比较复杂，故可按构造要求，配置附加受扭纵筋和箍筋。

2.5 整体式楼梯

楼梯是多层及高层房屋建筑的竖向通道，是房屋建筑的重要组成部分。整体式楼梯应用广泛，故本节将主要介绍整体式楼梯的计算和构造。

55

2.5.1　楼梯结构形式

楼梯的平面布置、踏步尺寸、栏杆形式等是由建筑设计决定的，但楼梯的结构形式应由结构设计确定。楼梯结构形式按施工方法可分为整体式和装配式；按结构受力状态可分为梁式、板式、剪刀式和螺旋式等楼梯形式，前两种是最常见的楼梯形式。

梁式楼梯由踏步板、梯段斜梁、平台板和平台梁组成。踏步板支承于两侧斜梁上，为便于施工和保证墙体结构安全，不得将踏步板一端搁置在楼梯间承重墙体上；梯段斜梁支承于上、下平台梁上，可设置于踏步板下面或上面。平台板支承于平台梁和墙体上，但是为保证墙体安全，中间缓台平台板不宜支承于两侧墙体上。平台梁一般支承于楼梯间两侧的承重墙体上。当梯段水平方向跨度大于 3.0～3.3m 时，采用梁式楼梯较为经济，但支模较为复杂。

板式楼梯由梯段板、平台板和平台梁组成。梯段板是一块带踏步的斜板，斜板支承于上、下平台梁上，最下部的梯段板可支承在地梁或基础上，为便于施工和保证墙体结构安全，梯段板不得伸入墙体内。平台板支承于平台梁和墙体上，但是为保证墙体安全，中间缓台平台板不宜支承于两侧墙体上。平台梁一般支承于楼梯间两侧的承重墙体上。板式楼梯的优点是梯段板下表面平整，支模简单；其缺点是梯段板跨度较大时，斜板厚度较大，结构材料用量较多。因此梯段板水平方向跨度小于 3.0～3.3m 时，宜采用板式楼梯。

螺旋式和剪刀式楼梯，建筑造型新颖美观，常设置于公共建筑大厅中，但它为空间结构体系，受力状态复杂，设计与施工均较困难，造价较高。

2.5.2　梁式楼梯计算与构造

梁式楼梯设计包括踏步板、斜梁、平台板和平台梁的计算与构造。

（1）踏步板

梁式楼梯的梯段踏步板由斜板和三角形踏步组成，如图 2-23 所示。踏步几何尺寸由建筑设计确定。斜板厚度一般取 $t＝30～50mm$。

从梯段板中取一个踏步板作为计算单元，踏步板为梯形截面，计算时截面高度近似取其平均值 $h＝\dfrac{c}{2}+\dfrac{l}{\cos\alpha}$，如图 2-23（a）所示。踏步板可近似认为是支承于斜梁上的简支板，作用于踏步板上的荷载有恒荷载和活荷载，按简支板计算跨中弯矩，如图 2-23（b）所示。其配筋数量按单筋矩形截面进行计算。每级踏步板内受力钢筋不得少于 2φ8，沿板斜向的分布钢筋不少于 φ8@250。

（2）梯段斜梁

梯段斜梁不做刚度验算时，斜梁高度通常取 $h＝(1/14～1/10)l_0$，l_0 为梯段斜梁水平方向的计算跨度。

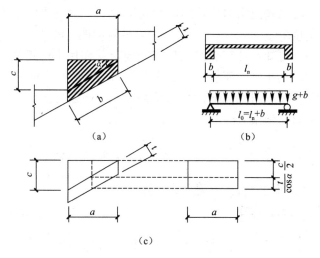

图 2-23　梯段踏步板计算截面及简图

梯段斜梁两端支承在平台梁上，斜梁进行内力分析时，由于斜梁的受弯线刚度远大于平台梁的受扭线刚度，故将斜梁简化为斜向简支梁，斜梁内力又可简化为水平方向简支梁进行计算，其计算跨度按斜梁斜向跨度的水平投影长度取值，计算简图见图 2-24 所示。

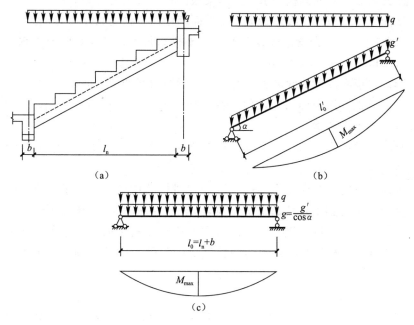

图 2-24　楼梯斜梁计算简图

梯段斜梁承受踏步板传来的恒荷载、活荷载以及斜梁自重和抹灰荷载。踏步板上的活荷载 q 是沿水平方向均匀分布的，踏步板的恒荷载 g 也近似认为是沿水平方向均匀分布的；斜梁自重及其抹灰恒荷载是沿斜向均匀分布的，为计算方便，将沿斜向均匀分布的恒荷载集度 g'，简化为沿水平方向均匀分布的恒荷载集度 g($g=g'l_0'/l_0=g'/\cos\alpha$)，计算简图见图 2-24（b）所示。

由结构力学可知：计算斜梁在均布竖向荷载作用下的正截面内力时，应将沿水平方向的均布竖向荷载集度 q 和沿斜向均布的竖向荷载 g'，均简化为垂直于斜梁与平行于斜梁方向的均布荷载集度，一般可忽略平行于斜梁的均布荷载，而垂直于斜梁方向的均布荷载集度为：

$$\frac{(gl_0'+ql_0)\cos\alpha}{l_0'}=g'\cos\alpha+q\frac{l_0}{l_0'}\cos\alpha=(g+q)\cos^2\alpha$$

则简支斜梁正截面内力可按下列公式计算：

跨中截面最大正弯矩

$$M=\frac{1}{8}(g+q)l_0'^2\cos^2\alpha=\frac{1}{8}(g+q)l_0^2 \tag{2-41}$$

支座截面最大剪力

$$V_{max}=\frac{1}{2}(g+q)l_n'\cos^2\alpha=\frac{1}{2}(g+q)l_n\cos\alpha \tag{2-42}$$

式中　g、q——作用于斜梁上沿水平方向均布竖向恒荷载和活荷载设计值；

l_0、l_n——梯段斜梁沿水平方向的计算跨度和净跨度；

α——梯段斜梁与水平方向的夹角。

由此可见，斜向梁板与水平方向梁板比较，其内力有如下特点：

斜向梁板（包括折线形梁板）正截面跨中弯矩值可按水平方向梁板计算，其计算跨度 l_0 取斜向梁板计算跨度的水平投影长度，其荷载应取沿水平方向的荷载集度。

斜向梁板支座截面的剪力，按水平向梁板求得的剪力值乘以 $\cos\alpha$。

斜向梁板截面上尚有压或拉（视支座情况决定）轴向力作用，一般情况下在设计中不予考虑。

梯段斜梁截面计算高度应取垂直斜梁轴线的最小高度。斜梁可按倒 L 形截面进行计算，截面翼缘仅考虑踏步下的斜板部分。

梯段斜梁中的纵向受力钢筋及箍筋数量按跨中截面弯矩值及支座截面剪力值确定。考虑到平台梁、板对斜梁两端的约束作用，斜梁端上部应按构造设置承受负弯矩作用的钢筋，钢筋数量不应小于跨中截面纵向受力钢筋截面面积的 1/4。钢筋在支座处的锚固长度应满足受拉钢筋锚固长度的要求，如图 2-25 所示。

（3）平台板、梁

梁式楼梯平台板一边支承于平台梁，一边或三边支承于楼梯间墙体上。平台板可按单向板或双向板进行内力与配筋计算，并满足相应的构造要求。

平台梁两端一般支承于楼梯间侧承重墙上。平台梁承受梁自重、抹灰荷载、平台板传来的均布荷载以及梯段斜梁传来的集中荷载。一般可按简支梁计算其内力及配筋。

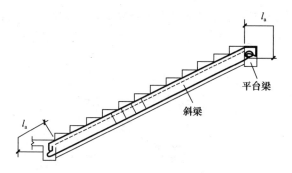

图 2-25　梯段斜梁的配筋构造

2.5.3　板式楼梯的计算与构造

板式楼梯设计包括梯段板、平台板和平台梁的计算与构造。

（1）梯段板

梯段板是由斜板和踏步组成。梯段斜板不做刚度验算时，斜板厚度通常取 $h=(1/30\sim1/25)l_0$，l_0 为斜板水平方向的跨度。梯段斜板和平台梁、板为一个整体结构，实质上梯段斜板和平台板是一个多跨连续板，为简化计算，通常将梯段斜板和平台板分开计算，但在计算及构造上要考虑它们相互间的整体作用。

进行梯段斜板计算时。一般取 1m 宽斜向板带作为结构及荷载计算单元。

梯段斜板（包括折线形板）支承于平台梁上，进行内力分析时，通常将板带简化为斜向简支板，斜板内力同样可简化为水平方向简支板进行计算，其计算跨度按斜向跨度的水平投影长度取值。

梯段斜板承受梯段板（包括踏步及斜板）自重、抹灰荷载及活荷载。斜板上的活荷载 q 沿水平方向是均布的；恒荷载 g 沿水平方向近似认为是均布的。梯段斜板在 $g+q$ 荷载作用下，按水平方向简支板进行内力计算。

考虑梯段斜板与平台梁、板的整体性，斜板跨中正截面最大正弯矩近似取为：

$$M_{\max}=\frac{1}{10}(g+q)l_0^2 \qquad (2\text{-}43)$$

式中　g、q——作用于斜板上沿水平方向均布竖向恒荷载和活荷载的设计值；

l_0——梯段斜板沿水平方向的计算跨度。

梯段斜板按矩形截面计算，截面计算高度应取垂直于斜板的最小高度。斜板受力钢筋数量按跨中截面弯矩值确定。考虑斜板与平台梁、板的整体性，斜板两端 $l_n/4$ 范围内应按构造设置承受负弯矩作用的钢筋，其数量一般可取跨中截面配筋的 $1/2$，在梁处板钢筋的锚固长度应不小于 $30d$，l_n 为斜板沿水平方向的净跨度。在垂直于受力钢筋方向按构造设置分布钢筋，每个踏步下放置 1ϕ8。

对于板式楼梯，斜板由于跨高比 l_0/h 较大，即 $M/M_u > V/V_u$，故一般不必进行受剪承载力验算。

梯段斜板配筋方案可采用弯起式或分离式，一般多采用分离式配筋方案，如图 2-26 所示。

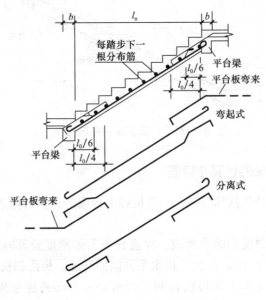

图 2-26　板式楼梯斜板配筋方案

(2) 平台板、梁

板式楼梯平台板内力计算与配筋基本上同梁式楼梯。

板式楼梯平台梁两端一般支承于楼梯间两侧承重墙体上，承受平台梁自重、抹灰及梯段板、平台板传来的均布荷载。平台梁内力按简支梁进行计算，配筋计算按倒 L 形截面计算，截面翼缘仅考虑平台板，不考虑梯段斜板参加工作。

小结及学习指导

1. 梁板结构是由梁和板组成的水平承重结构体系，在实际工程中应用广泛，如楼盖、楼梯和雨篷等，其支承体系一般由柱或墙等竖向构件组成。

2. 钢筋混凝土楼盖是房屋建筑中重要的水平承重结构体系，它将楼面荷载传递给竖向承重构件，同时也将各竖向承重构件连接成一个整体。房屋建筑中常见的单向板肋梁楼盖、双向板肋梁楼盖、井式楼盖、密肋楼盖、无梁楼盖、装配式楼盖等梁板结构，它们的受力特点及适用范围各不相同，设计时应根据不同的建筑要求和适用条件选择合适的结构类型。结构设计的步骤概括如下：①结构选型和布置；②确定结构计算简图；③荷载计算；④内力分析；⑤内力组合和截面配筋计算；⑥考虑构造措施；⑦绘制施工图。

3. 板从受力上可以分为单向板和双向板。两对边支承的板为单向板。四边支承的板可根据长、短边长度之比区分为单向板和双向板。

4. 整体式单向板梁板结构分析有两种方法：按弹性理论和塑性理论的计

算方法。考虑塑性内力重分布的分析方法，更符合实际受力状态，实现过程也更为经济。折算荷载、活荷载的最不利布置、塑性铰和内力重分布是本章的主要概念。设计过程中，应注意弯矩调整幅度、相对受压区高度以及斜截面受剪承载力等界限要求。

5. 整体式双向板梁板结构分析有两种分析方法：按弹性理论和塑性理论的计算方法。目前设计中多采用前者。多跨连续双向板荷载的分解是双向板由多区格转化为单区格板结构分析的重要方法。

6. 整体式无梁楼盖结构是应用较为广泛的结构形式。设计无梁楼盖时，除强度验算外，还需注意冲切验算。

7. 钢筋混凝土楼梯根据主要承重构件的不同，可分为板式楼梯和梁式楼梯。楼梯是斜向结构，其内力可按跨度为水平投影长度的水平结构进行分析；雨篷、阳台等悬挑结构除截面承载力计算外，还应进行整体抗倾覆验算，雨篷梁应按弯、剪、扭构件设计。

8. 学习过程中应防止"重计算轻构造"的思想，应熟练掌握和理解各结构的截面及配筋构造要求。

思考题

2-1 楼盖结构有哪几种类型？说明各自的受力特点和适用范围。简述现浇整体式混凝土楼盖结构设计的一般步骤。

2-2 简述现浇单向板肋梁楼盖的组成及荷载传递路径。

2-3 试说明连续梁计算中折算荷载的概念，并解释次梁和板的折算荷载的计算差异。

2-4 何谓活荷载的不利布置？设计中如何考虑活荷载不利布置？确定截面内力最不利活荷载布置的原则是什么？

2-5 钢筋混凝土塑性铰是如何形成的？与普通铰比较，它有何特点？影响塑性铰转动能力的因素有哪些？

2-6 什么是弯矩调幅？弯矩调幅法的具体步骤是什么？设计中为什么要控制弯矩调幅值？

2-7 单向板有哪些构造配筋？作用是什么？次梁和主梁交接处的配筋构造有哪些？

2-8 楼板的抗冲切破坏与梁的受剪破坏有何异同？从哪些方面可以提高板抗冲切承载力？

2-9 简述板式楼梯和梁式楼梯的差异。如何确定梁式楼梯和板式楼梯各构件的计算简图？

2-10 雨篷计算包括哪些内容？作用于雨篷梁上的荷载有哪些？

习题

2-1 钢筋混凝土梁板结构有几种基本形式？它们是怎样划分的？

2-2 荷载在整体式单向板梁板结构的板、次梁和主梁中是如何传递的，为什么？在按弹性理论和塑性理论计算时两者的计算简图有何区别？

2-3 整体式梁板结构中，欲求结构跨内和支座截面最危险内力时，如何确定活荷载的最不利布置？

2-4 何谓塑性铰？塑性铰与理想铰有何异同？

2-5 何谓结构塑性内力重分布？塑性铰的部位及塑性弯矩值与塑性内力重分布有何关系？

2-6 何谓弯矩调幅？考虑塑性内力重分布的分析方法中，为什么要对塑性铰处弯矩调整幅度加以限制？

2-7 整体式无梁楼盖结构按弹性理论的内力分析中，按经验系数法及按等代框架法基本假定有何区别？如何进行柱帽设计？

2-8 整体式楼梯在竖向均布荷载作用下，其内力如何分析？它与水平向结构相比有何特点？

2-9 已知一两端固定的单跨矩形截面梁，其净距为 6m，截面尺寸 $b \times h = 250\text{mm} \times 600\text{mm}$，采用 C25 混凝土，支座截面配置了 3 Φ 18 钢筋，跨中截面配置了 2 Φ 18。

求：(1) 支座截面出现塑性铰时，该梁承受的均布荷载 p_1；

(2) 按考虑塑性内力重分布计算该梁的极限荷载 p_u；

(3) 支座弯矩的调幅值 β。

钢筋混凝土肋梁楼盖课程设计任务书

　　某多层厂房平面楼盖的楼面平面定位轴线尺寸为：长 30m，宽 15m。使用上，要求在纵墙方向开一扇大门，宽 3m；开四扇窗，每扇宽 3m。试按单向板整体式肋梁楼盖设计二层楼面。

一、设计资料

（一）构造

　　层高：底层高 4.8m，其余各层高 2.4m。
　　外墙厚：一、二层一砖半（370mm），以上各层一砖（240mm）。
　　钢筋混凝土柱的截面尺寸：350mm×350mm。
　　板在墙上的搁支长度：$a=120$mm（半砖）。
　　次梁在墙上的搁支长度：$a=240$mm（1 砖）。
　　主梁在墙上的搁支长度：$a=370$mm（1 砖半）。
　　楼面面层水泥砂浆找平，厚 40mm。
　　楼面底层石灰砂浆粉刷，厚 15mm。

（二）荷载

　　（1）楼面可变荷载标准值：$p=6$kN/m^2。
　　（2）永久荷载标准值：钢筋混凝土重度：25kN/m^3；水泥砂浆重度：20kN/m^3；石灰砂浆重度：17kN/m^2。

（三）材料

　　（1）混凝土：C25 级。
　　（2）钢筋：梁的纵向受力钢筋用 HRB335 级，其余均用 HPB300 级。

二、设计要求

（一）设计计算内容

　　（1）做出二层楼面结构布置方案（对各梁、板、柱进行编号）。
　　（2）连续板及其配筋布置（按塑性内力重分布方法计算）。
　　（3）连续次梁及其配筋布置（按塑性内力重分布方法计算）。

（4）连续主梁及其配筋布置（按弹性内力分析方法计算，并作出弯矩和剪力包络图）。

（二）绘图

（1）楼面结构布置及楼板配筋布置图（2号图1张）。

（2）次梁施工图（草图，画在计算书上）。

（3）主梁材料图、施工图（要求分离钢筋，2号图1张）。

第3章
单 层 厂 房

本章知识点

> 知识点：单层厂房结构组合和结构布置，主要结构构件的功能形式，荷载传递路径，排架结构计算简图的确定，各种荷载的计算方法，采用剪力分配法计算排架柱内力，排架内力组合，矩形截面柱的设计方法及构造要求，排架柱牛腿的设计方法及构造要求，排架柱吊装阶段的验算，独立基础的设计方法及构造要求。
>
> 重点：采用剪力分配法计算排架柱内力，排架内力组合，矩形截面柱的设计方法及构造要求。
>
> 难点：采用剪力分配法计算排架柱内力，排架内力组合。

对于像冶金、机械制造等一类生产车间，在使用功能上有一些特殊要求，如占用较大的空间（平面和高度）以布置大型设备；设置吊车以解决厂房内的运输（垂直的和水平的）；交通工具（汽车或火车）的通行以运输原材料和产品。单层厂房结构可以很好地满足这些要求。

3.1 单层厂房结构选型

3.1.1 单层厂房的结构形式

目前，我国混凝土单层厂房的结构形式主要有排架结构和刚架结构两种。

排架结构由屋架（或屋面梁）、柱和基础组成，柱与屋架铰接，与基础刚接。根据生产工艺和使用要求的不同，排架结构可做成等高、不等高和锯齿形等多种形式，见图 3-1 和图 3-2 所示，后者通常用于单向采光的纺织厂。排架结构是目前单层厂房结构的基本结构形式。国标配套图集跨度为 6~36m，净空高度不大于 20m，吊车吨位可达 125t。排架结构传力明确，构造简单，施工亦较方便。

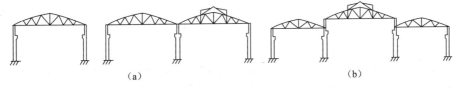

(a)　　　　　　　　　　　　　　　(b)

图 3-1　排架类型

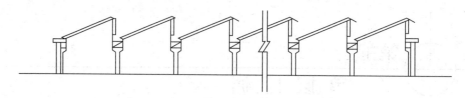

图 3-2 锯齿形厂房

单层厂房的刚架结构是指装配式钢筋混凝土门式刚架。它的特点是柱和横梁刚接成一个构件，柱与基础通常为铰接。刚架顶节点做成铰接的，称为三铰刚架，见图 3-3（a）所示，做成刚接的称为两铰刚架，见图 3-3（b）所示，前者是静定结构，后者是超静定结构。为便于施工吊装，两铰刚架通常做成三段，在横梁中弯矩为零（或很小）的截面处设置接头，用焊接或螺栓连接成整体。刚架顶部也有做成弧形的，见图 3-3（c）、（d）所示。刚架立柱和横梁的截面高度都是随内力（主要是弯矩）的增减沿轴线方向做成变高的，以节约材料。

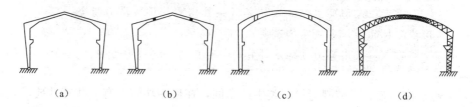

（a）　　　　　　（b）　　　　　　（c）　　　　　　（d）

图 3-3　刚架形式

（a）三铰刚架；（b）两铰刚架；（c）弧形刚架；（d）弧形或工字形空腹刚架

我国于 20 世纪 60 年代初期开始在轻型厂房中采用混凝土刚架结构，目前已很少采用。但刚架结构应用仍较为广泛。

本章主要讲述单层厂房排架结构设计中的主要问题。

3.1.2　单层厂房的结构组成与传力路线

1. 结构组成

单层厂房排架结构通常由下列结构构件组成并相互连成整体，见图 3-4 所示。

（1）屋盖结构

屋盖结构由屋面板、屋架或屋面梁、托架、天窗架及屋盖支撑等组成，分为无檩屋盖和有檩屋盖两种体系。无檩屋盖由大型屋面板、屋面梁或屋架（包括屋盖支撑）组成。有檩屋盖由轻质或轻型板檩条、屋架（包括屋盖支撑）组成。其上还可设有天窗架、托架等，其主要起围护和承重（承受屋架结构自重、屋面活荷载、雪荷载和其他荷载）以及采光和通风的作用。

（2）横向平面排架

横向排架由屋面梁或屋架、横向柱列和基础等组成，承担厂房的主要荷载，包括屋盖荷载（屋盖自重、雪荷载及屋面活荷载等）、吊车荷载（竖向荷

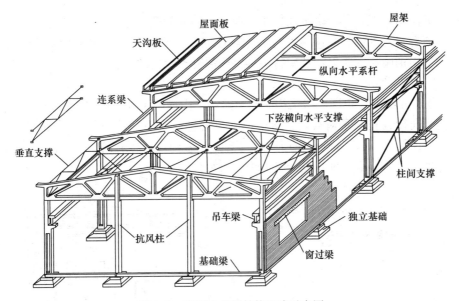

图 3-4　混凝土排架结构组成示意图

载及横向水平荷载）、横向风荷载及纵横墙（或墙板）的自重等，并将其传至地基，是单层厂房的基本承重结构。通常每一横向定位轴线设置一个平面排架结构。

横向平面排架示意图见图 3-1 及图 3-2 所示。

（3）纵向平面排架

纵向平面排架由每一纵向柱列、墙梁（连系梁和圈梁）、吊车梁、柱间支撑和基础等组成，如图 3-5 所示，以保证厂房的纵向刚度和稳定性，并承受屋盖结构（通过山墙和天窗端壁）传来的纵向风荷载、吊车纵向制动力、纵向地震作用等，再将其传至地基。

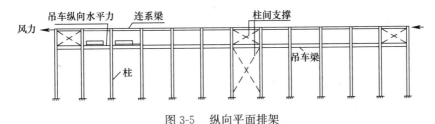

图 3-5　纵向平面排架

纵向平面排架中的吊车梁，具有承受吊车荷载和联系纵向柱列的双重作用，也是厂房结构中的重要组成结构构件。

（4）支撑结构构件

单层厂房的支撑包括屋盖支撑和柱间支撑，其作用是加强厂房结构的空间刚度，保证结构构件在安装和使用阶段的稳定和安全，同时起着把风荷载、吊车水平荷载或水平地震作用等传递到相应承重构件的作用。

（5）围护结构

围护结构包括纵墙、横墙（山墙）、墙梁和基础梁等构件组成，兼有围护和承重作用，主要承受自重及作用在墙面上的风荷载。

随着技术进步和我国钢产量的大幅度增加，现在我国大多数单层厂房都已经采用钢屋盖，所以本章中将不再讲述混凝土屋盖的内容。

2. 传力途径

图 3-6 给出了单层厂房结构的传力路线。由该图可知，单层厂房结构所承受的竖向荷载和水平荷载，大多传递给排架柱，再由柱传至基础。由此，屋架（屋面梁）、柱、基础是单层厂房主要的承重构件。在有吊车的厂房中，吊车梁也是主要承重构件，设计时应予以重视。

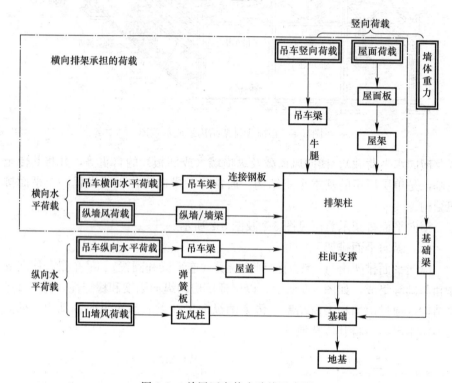

图 3-6 单层厂房传力路线示意图

3.1.3 单层厂房的结构布置

1. 柱网与定位轴线

（1）柱网

柱网是承重柱在平面中排列所形成的网格，网格的间距称为柱网尺寸。其中沿纵向的间距称为柱距；沿横向的间距称为跨度。

选择柱网尺寸时首先要满足生产工艺的要求，考虑设备大小、设备布置方式、交通运输所需要的空间、生产操作及检修所需要的空间等因素；其次应遵循建筑统一化的规定，尽量选择通用性强的尺寸，以减少厂房构件的尺寸类型，方便施工，简化节点构造，降低造价。

根据《厂房建筑模数协调标准》GB/T 50006—2010 的规定，跨度小于或等于 18m 时，采用 3m 的倍数，即选用 9m、12m、15m 和 18m；大于 18m 时，应符合 6m 的倍数，即选用 24m、30m、36m 等，如图 3-7 所示。目前国标配套图集柱距为 4m、6m、7.5m、9m，跨度为 6m、9m、12m、15m、18m、21m、24m、27m、30m、33m、36m。柱距一般采用 6m 居多，也有采用 9m 和 12m 的。

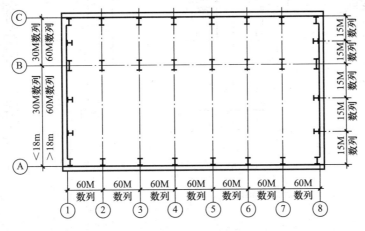

图 3-7　跨度和柱距示意图

（2）纵向定位轴线

纵向定位轴线一般用编号Ⓐ、Ⓑ、Ⓒ等表示。纵向定位轴线之间的距离（即跨度 L）与吊车轨距 L_k 之间一般有如下关系：

$$L = L_k + 2e, \quad e = B_1 + B_2 + B_3 \tag{3-1}$$

式中　L_k——吊车跨度，即吊车轨道中心线之间的距离，可由吊车规格查到；

e——吊车轨道中心线至纵向定位轴线的距离，一般取 750mm；

B_1、B_2、B_3 取值如图 3-8 所示，其中 B_1 为吊车轨道中心线至吊车桥架外边缘的距离，可由吊车规格查的（详见附录 C 中的 b）；B_2 为吊车桥架外边缘至上柱内边缘的净空宽度，当吊车起重量不大于 50t，取 $B_2 \geqslant 80$mm，当吊车起重量大于 50t，取 $B_2 \geqslant 100$mm；B_3 为边柱的上柱截面高度或中柱边缘至其纵向定位轴线的距离。

对于边柱，当按计算 $e \leqslant 750$mm 时，取 $e = 750$mm。如图 3-8（a）所示；对于中柱，当为多跨等高厂房时，按计算 $e \leqslant 750$mm，也取 $e = 750$mm。纵向定位轴线与上柱中心线重合，如图 3-8（b）所示。

对于柱距为 6m、吊车起重量小于或等于 30t 的厂房，边柱外缘与纵向定位轴线重合，如图 3-9（a）所示，称为封闭结构；当吊车起重量较大时，由于吊车外轮廓尺寸和柱子截面尺寸均有所增大，为了满足空隙 B_2 的要求，需要将边柱外移一定距离 a_c（称为联系尺寸），如图 3-9（b）所示，称为非封闭结合。

（3）横向定位轴线

横向定位轴线一般通过柱截面的几何中心，用编号①、②、③等表示。在厂房纵向尽端处，横向定位轴线位于山墙内边缘，并把端柱中心线内移 600mm，同样在伸缩缝两侧的柱中心线也须向两边各移 600mm，使伸缩缝中心线与横向定位轴线重合，如图 3-10 所示。

69

70

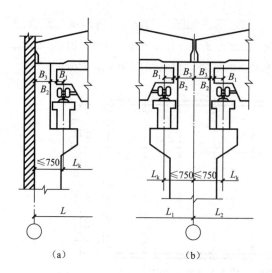
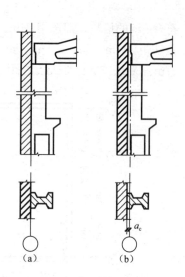

图 3-8　纵向定位轴线　　　　图 3-9　边柱与纵向轴线的关系

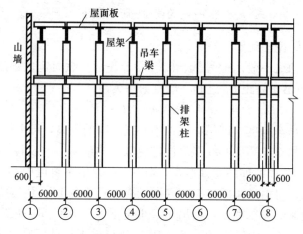

图 3-10　横向定位轴线

2. 变形缝

（1）伸缩缝

如果厂房长度或宽度超过表 3-1 的限制，一般应设置伸缩缝以减小温度应力。厂房的横向伸缩缝一般采用双柱，如图 3-10 所示，基础以上的结构分成两个独立的区段；纵向伸缩缝一般采用单柱，在低跨屋架与支承屋架的牛腿之间设滚动支座，使其能自由伸缩。伸缩缝的基础可以不分开。如果伸缩缝超过表 3-1 的限制，应验算温度应力。

钢筋混凝土结构伸缩缝最大间距（mm）　　　　表 3-1

结构类型		室内或土中	露　天
排架结构	装配式	100	70
框架结构	装配式	75	50
	现浇式	55	35

结构类型		室内或土中	露 天
剪力墙结构	装配式	65	40
	现浇式	45	30
挡土墙、地下室墙壁等类结构	装配式	40	30
	现浇式	30	20

注：1. 装配整体式结构的伸缩缝间距，可根据结构的具体情况取表中装配式结构与现浇式结构之间的数值；

2. 框架-剪力墙结构或框架-核心筒结构房屋的伸缩缝间距，可根据结构的具体情况取表中框架结构与剪力墙结构之间的数值；

3. 当屋面无保温或隔热措施时，框架结构、剪力墙结构的伸缩缝间距宜按表中露天栏的数值取用；

4. 现浇挑檐、雨罩等外露结构的局部伸缩缝间距不宜大于 12m。

（2）沉降缝

由于排架结构对地基不均匀沉降不敏感，单层厂房一般不设沉降缝，只有在下列情况下才考虑设置：

1）相邻部位高度相差很大（如 10m 以上）；

2）相邻跨吊车起重量相差悬殊；

3）持力层或下卧层土质有较大的差别；

4）各部分的施工时间先后相差很大。

沉降缝应将建筑从屋顶到基础全部分开，且可兼做伸缩缝。

（3）防震缝

在抗震设防区，当厂房平、立面布置复杂，结构高度或刚度相差很大，以及在厂房侧边贴建生活间、变电所、炉子间等时，应设置防震缝将相邻两部分分开。在厂房纵横跨交接处、大柱网厂房或不设柱间支撑的厂房，防震缝宽度可采用 100～150mm，其他情况可采用 50～90mm。

3. 剖面布置

结构构件在高度方向的位置用标高表示，如图 3-11 所示。单层厂房的控制标高包括基础底面标高、室内地面标高、牛腿顶面标高和柱顶标高。

基础底面标高控制基础埋深，根据持力层深度和基础高度确定。

室内地面标高一般高于室外地面 100～150mm 用 ±0.000 表示。

牛腿顶面标高和柱顶标高由轨道顶面的标志标高控制。轨顶标志标高根据厂方的使用要求，由工艺设计人员提供。牛腿顶面标高＝轨顶标高－吊车梁在支承处的高度－轨道及垫层高度，必须满足 300mm 的倍数。为了使牛腿顶面标高满足模数要求，轨顶的实际标高可能不同于标志标高。规范允许轨顶实际标高与标志标高之间有 ±200mm 的差值。

柱顶标高＝轨顶实际标高 H_A＋吊车轨顶至桥架顶面的高度 H_B＋桥架顶面与屋架下弦的空隙 H_C，如图 3-11 所示。吊车轨顶至桥架顶面的高度 H_B 可以查阅吊车的技术参数；空隙 H_C 不应小于 300mm。

4. 支撑布置

厂房支撑体系是连系屋架、柱等构件，使其构成厂房空间整体，保证整

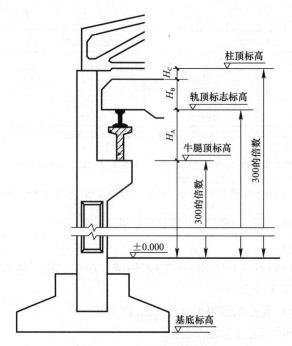

图 3-11　厂房的剖面布置

体刚性和结构几何稳定性的重要组成部分，在单层厂房抗震设计中尤为重要。

单层厂房的支撑体系包括屋盖支撑和柱间支撑两部分。

（1）屋盖支撑

屋盖支撑通常包括上、下弦水平支撑、垂直支撑及纵向水平系杆，如图 3-12 所示。

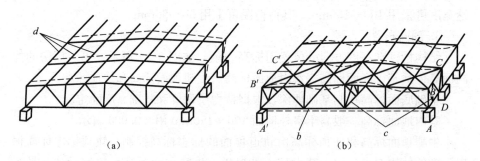

图 3-12　屋盖支撑作用示意图

a-上弦横向水平支撑；b-下弦横向水平支撑；c-垂直支撑；d-檩条或大型屋面板

其构成思路为：在每一个温度区段内，由上、下弦水平支撑分别把温度区段的两端构成横向的上、下水平刚性框，再由垂直支撑和水平系杆把两端水平框连接起来。

（2）柱间支撑

柱间支撑的作用是保证厂房结构的纵向刚度和稳定，并将水平力传至基础，其布置如图 3-13 所示。

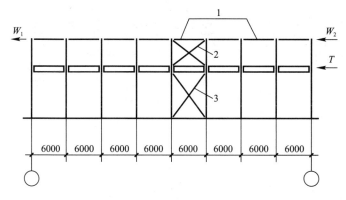

图 3-13　柱间支撑

1-柱顶系杆；2-上部柱间支撑；3-下部柱间支撑

柱间支撑应布置在伸缩缝区段的中央或临近中央，这样纵向构件的伸缩受柱间支撑的约束较小，温度变化或混凝土收缩时，不致产生较大的温度或收缩应力。柱顶设置通长的刚性系杆来传递荷载。

属于下列情况之一者，应设置柱间支撑：

1）厂房内设有悬臂吊车或 3t 及以上的悬挂吊车；

2）厂房内设有属于 A6、A7、A8 工作级别的吊车，或设有工作级别属于 A1～A5 的吊车，起重量在 10t 及以上；

3）厂房跨度在 18m 以上或柱高在 8m 以上；

4）纵向柱列的总数在 7 根以下；

5）露天吊车栈桥的柱列。

5. 抗风柱、圈梁、连系梁、过梁和基础梁的功能和布置原则

（1）抗风柱

单层厂房的山墙受风面积较大，一般需设置抗风柱将山墙分成区格，使墙面受到的风荷载，一部分（靠近纵向柱列的区格）直接传至纵向柱列，另一部分则传给抗风柱，再由抗风柱下端直接传至基础，而上端则通过屋盖系统传至纵向柱列。

当厂房跨度和高度均不大（如跨度不大于 12m，柱顶标高 8m 以下）时，可在山墙设置砌体壁柱作为抗风柱；当跨度和高度均较大时，可以设置钢筋混凝土抗风柱，柱外侧再贴砌山墙。在很高的厂房中，为不使抗风柱截面尺寸过大，可加设水平抗风梁或钢抗风桁架作为抗风柱的中间铰支点，见图 3-14 所示。

抗风柱的柱脚，一般采用插入基础杯口的固接方式。抗风柱上端与屋架的连接必须满足两个要求：一是在水平方向必须与屋架有可靠的连接以保证有效地传递风荷载；二是在竖向脱开，且两者之间能允许一定的竖向相对位移，以防厂房和抗风柱沉降不均匀时产生不利影响。因此，抗风柱一般采用竖向可以移动、水平向又有较大刚度的弹簧板连接，如图 3-14（c）所示；若不均匀沉降可能较大时，则宜采用有竖向长孔的螺栓连接方案，如图 3-14（d）所示。

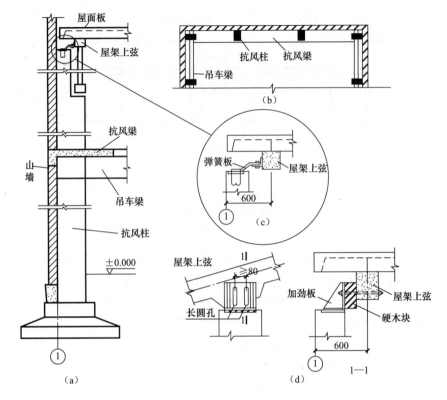

图 3-14　抗风柱及其连接构造

抗风柱的上柱宜采用矩形截面，其截面尺寸不宜小于 350mm×300mm，下柱宜采用工字形或矩形截面，当柱较高时也可以采用双肢柱。

抗风柱主要承受山墙风荷载，一般情况下其竖向荷载只有自重，故设计时可近似按照受弯构件计算，并考虑正、反两个方向的弯矩。当抗风柱还承受由承重墙梁、墙板及雨篷传来的竖向荷载时，则应按照偏心受压构件来计算。

(2) 圈梁、连系梁、过梁和基础梁

当用砌体作为厂房的围护结构时，一般要设置圈梁或连系梁、过梁及基础梁。

圈梁的作用是增强房屋的整体刚度，防止由于地基的不均匀沉降或较大振动荷载等对厂房的不利影响。因圈梁不承受墙体重量，故排架柱上下不需要设置圈梁的牛腿，仅需设拉结筋与圈梁连接。一般的布置原则为：对无桥式吊车的厂房，当墙厚 $h \leqslant 240mm$、檐口标高为 $5 \sim 8m$，应在檐口附近布置一道，当檐高大于 8m，宜增设一道；对有桥式吊车或较大振动设备的厂房，除在檐口或窗顶布置圈梁外，尚宜在吊车梁标高处或其他适当位置增设一道；外墙高度大于 15m 时还应适当增设。

连系梁的作用是联系纵向柱列、增强厂房的纵向刚度并把风荷载传递到纵向柱列上，同时还承受上部墙体的重力。连系梁通常是预制的，两端搁置在排架柱外侧牛腿上，其连接可采用螺栓连接或焊接连接。

过梁设置在门窗洞口上方，承受墙体重力。圈梁可兼作过梁，但其配筋必须计算确定。

在进行厂房布置时，应尽可能把圈梁、连系梁和过梁结合起来，使一个构件起到两个或三个构件的作用，以节约材料，简化施工。

基础梁顶面至少低于室内地面 50mm，底部距地基土表面应预留 100mm 的孔隙使梁可以随柱基础一起沉降而不受地基土的约束，同时还可以防止地基土冻结膨胀将梁顶裂。基础梁与柱的相对位置取决于墙体的相对位置，有两种情况：一种突出于柱外（图 3-15a）；另一种是两柱之间（图 3-15b）。基础梁与柱一般不连接，可以直接搁置在柱基础杯口上，当基础埋置深度较深时，则放置在混凝土垫块上，如图 3-15（c）、（d）所示。

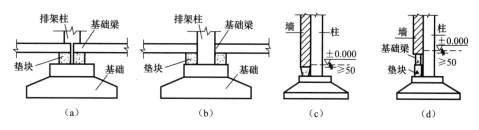

图 3-15　基础梁布置

（a）突出于柱外；（b）两柱之间；（c）搁置在基础上；（d）搁置在垫块上

3.2　排架计算

单层厂房排架结构实际上是空间结构，为了方便，可简化为平面结构进行计算。在横向（跨度方向）按横向平面排架计算，在纵向（柱距方向）按纵向平面排架计算，并且近似地认为，各个横向平面排架之间以各个纵向平面排架都是互不影响，各自独立工作。

纵向平面排架是由柱列、基础、连系梁、吊车梁和柱间支撑等组成，如图 3-5 所示。由于纵向平面排架的柱较多，抗侧刚度较大，每根柱承受的水平力不大，因此往往不必计算，仅当抗侧刚度较差、柱较少、需要考虑水平地震作用或温度内力时才进行计算。所以本节讲的排架计算是指横向平面排架而言的，以下除说明的以外，简称为排架。

排架计算是为柱和基础设计提供内力数据，主要内容为：确定计算简图、荷载计算、柱控制截面的内力分析和内力组合。必要时，还应验算排架的水平位移值。

3.2.1　计算简图

由相邻柱距的中心线截出的一个典型区段，称为排架的计算单元，如图 3-16（a）所示中斜线部分所示。除吊车等移动荷载外，斜线部分就是排架的负荷范围，或称荷载的从属面积。

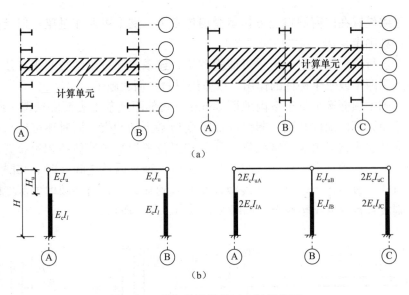

图 3-16 排架的计算单元和计算简图

为了简化计算，根据构造和实践经验，假定：

（1）柱下端固接于基础顶面，上端与屋面梁或屋架铰接；

（2）屋面梁或屋架没有轴向变形。

由于柱插入基础杯口有一定深度，并用细石混凝土与基础紧密地浇捣成一体，而且地基变形是有限制的，基础转动一般较小，因此假定（1）通常是符合实际的。但有些情况，例如地基土质较差、变形较大或者有大面积堆料等比较大的地面荷载时，则应考虑基础位移或转动对排架内力和变形的影响。

由假定（2）可知，屋面梁或屋架两端水平位移相等。假定（2）对于屋面梁或大多数下弦杆刚度较大的屋架是适用的；对于组合式屋架或两铰、三铰拱架则应考虑其轴向变形对排架内力和变形的影响，这种情况称为"跨变"。所以假定（2）实际上是指没有"跨变"的排架计算。

计算简图中，柱的计算轴线分别取上部和下部柱截面形心线。单跨和双跨排架的计算简图如图 3-16（b）所示。

柱总高 H ＝ 柱顶标高＋基础底面标高的绝对值－初步拟定的基础高度

上部柱高 H_u ＝柱顶标高－轨顶标高＋轨道构造高度

＋吊车梁支撑处的吊车梁高

上、下部柱的截面弯曲刚度 E_cI_u、E_cI_l，由混凝土强度等级以及预先假定的柱截面形状和尺寸确定。这里 I_u、I_l 分别为上、下部柱的截面惯性矩。

3.2.2 荷载计算

作用在排架上的荷载分为恒荷载和活荷载两类。恒荷载一般包括屋盖自重 P_1、上柱自重 P_2、下柱自重 P_3、吊车梁和轨道零件自重 P_4，以及有时支撑在牛腿上的围护结构等重力 P_5 等。活荷载一般包括屋面活荷载 P_6，吊车荷载 T_{max}、D_{max} 和 D_{min}，均布风荷载 q_1、q_2 以及作用在屋盖支承处的集中风荷载 W 等。

集中荷载的作用点必须根据实际情况来确定。当采用屋架时，屋盖荷载可以认为是通过屋架上弦与下弦中心线的交点作用于柱上的；当采用屋面梁时，可认为是通过梁端支承垫板的中心线支承柱顶的。

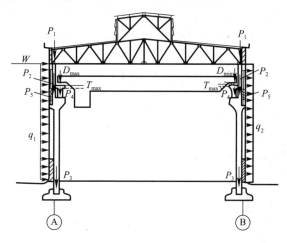

图 3-17　排架荷载示意图

设 P_1 是作用在上部柱顶的竖向偏心压力，它对上柱计算轴线的偏心距为 e_1，则可将 P_1 换算成轴心压力 $\overline{P}_1(=P_1)$ 和力矩 $M_1=P_1e_1$，如图 3-18（a）所示。$\overline{P}_1$ 是对上部柱的轴心压力，但对下部柱却是偏心压力，同样可把他换算成对下部柱的轴心压力 $\overline{P}_1'(=\overline{P}_1=P_1)$ 和力矩 $M_1'=\overline{P}_1e_0$，e_0 是上、下部柱计算轴线间的距离，如图 3-18（b）所示。这样 P_1 对整个排架柱的作用可归纳为：在上部柱和下部柱内产生轴心压力 $P_1=\overline{P}_1=\overline{P}_1'$，作用在柱顶的力矩 $M_1=P_1e_1$ 和下部柱顶的力矩 $M_1'=P_1e_0$。排架在轴心压力 $\overline{P}_1$、$\overline{P}_1'$ 作用下，除对柱产生轴向受压变形外，不产生其他内力，因此不需要进行排架内力分析；对于力矩 M_1 和 M_1' 的作用则应进行排架内力分析，如图 3-18（c）所示为它的计算简图。对竖向偏心压力 P_1 采取这样的换算是为了可以分别

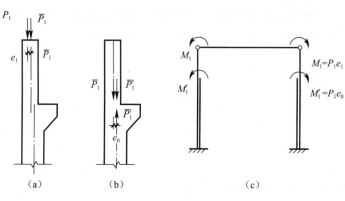

图 3-18　竖向偏心力的换算

利用附录 D 进行内力分析。上柱自重、围护结构等重量以及吊车荷载等，均同理换算。

1. 永久荷载

各种永久荷载的数值可按材料重力密度和结构的有关尺寸由计算得到，标准构件可从标准图上直接查得。上部柱自重和下部柱自重沿柱高分布，作用位置为各自的截面形心轴；屋盖自重包括屋架自重、屋盖支撑自重、屋面板自重及屋面建筑材料自重，以集中荷载形式作用在柱顶屋架竖杆中心线与下弦杆中心线交点处，此交点距离纵向定位轴线 150mm；吊车梁和轨道零件自重以集中荷载的形式作用在柱牛腿上，作用位置距离纵向定位轴线 750mm（或 1000mm）。各项永久荷载作用位置如图 3-19（a）所示。

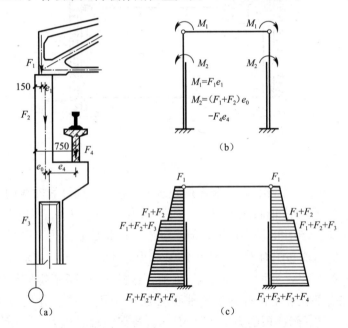

图 3-19　排架的永久荷载
(a) 荷载作用位置；(b) 偏心力矩；(c) 轴力图

2. 屋面可变荷载

屋面可变荷载包括屋面均布可变荷载、雪荷载和屋面积灰荷载三项，均按水平投影面积计算（计算单元宽度 $B \times$ 厂房跨度的一半），取值按《建筑结构荷载规范》采用。

3. 吊车荷载

常用的桥式吊车按工作繁重程度及其他因素分为 A1、A2、至 A8 等 8 个工作级别。一般，满载机会少、运行速度低以及不需要紧张而繁重工作的场所，如水电站、机械检修站等吊车属于 A1～A3 工作级别；机械加工车间和装配车间的吊车属于 A4、A5 工作级别；普通冶炼车间和直接参加连续生产的吊车属于 A6、A7 或 A8 工作级别。

桥式吊车对排架的作用有竖向荷载和水平荷载两种。

（1）作用在排架上的吊车竖向荷载设计值 D_{max}、D_{min}

桥式吊车由大车和小车组成，大车在吊车梁的轨道上沿厂房纵向行驶，小车在大车桥架的轨道上沿横向运动；带有吊钩的起重卷扬机安装在小车上。

当小车吊有额定起吊质量开到大车某一侧的极限位置时，如图 3-20 所示，在这一侧的每个大车的轮压称为吊车的最大轮压标准值 $P_{max,k}$，在另一侧的轮压称为最小轮压标准值 $P_{min,k}$，$P_{max,k}$ 与 $P_{min,k}$ 同时发生。

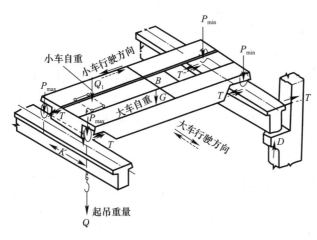

图 3-20   吊车荷载示意图

因吊车是移动的，因而吊车轮压在牛腿上产生的竖向集中荷载需要利用吊车梁支座竖向反力影响线来确定，如图 3-21 所示。

图 3-21 中，B_1、B_2 分别是两台吊车的桥架跨度，K_1、K_2 分别是两台吊车的轮距，可由吊车产品目录查得。由结构力学可知，当某个吊车轮子刚好位于牛腿位置时，

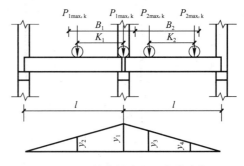

图 3-21   吊车梁支座反力影响线

反力最大。当作用的轮压为最大轮压 $P_{max,k}$ 时，相应的吊车竖向荷载标准值用 $D_{max,k}$ 表示；作用的轮压为最小轮压 $P_{min,k}$ 时，相应的吊车竖向荷载标准值用 $D_{min,k}$ 表示。即

$$D_{max,k} = \beta \sum_{i=1}^{4} P_{jmax,k} y_i$$

$$D_{min,k} = \beta \sum_{i=1}^{4} P_{jmin,k} y_i = D_{max,k} \frac{P_{min,k}}{P_{max,k}} \qquad (3-2)$$

式中　$P_{jmax,k}$——吊车的最大轮压，$j=1,2$；

　　　$P_{jmin,k}$——吊车的最小轮压，$j=1,2$；

　　　y_i——与吊车轮作用位置相对应的影响线坐标值，$i=1,2,3,4$；

　　　β——多台吊车的荷载折系数，按表 3-2 采用。

参与组合的吊车台数	吊车载荷状态等级	
	A1～A5	A6～A8
2	0.90	0.95
3	0.85	0.90
4	0.80	0.85

多台吊车的荷载折减系数 β   表 3-2

吊车最大轮压的设计值 $P_{max} = \gamma_Q P_{max,k}$，吊车最小轮压的设计值 $P_{min} = \gamma_Q P_{min,k}$，故作用在排架上的吊车竖向荷载设计值 $D_{max} = \gamma_Q D_{max,k}$，$D_{min} = \gamma_Q D_{min,k}$。这里 γ_Q 为吊车荷载的分项系数。

由于 D_{max} 可以发生在左柱，也可以发生在右柱，因此在 D_{max}、D_{min} 作用下单跨排架的计算应考虑图 3-22（a）、（b）所示两种荷载情况。D_{max}、D_{min} 对下部柱都是偏心压力，应把他们换成作用在下部柱顶面的轴心压力和力矩。其力矩为：

$$M_{max} = D_{max} e_4, \quad M_{min} = D_{min} e_4 \tag{3-3}$$

式中 e_4——吊车梁支座钢垫板的中心线至下部柱轴线的距离，如图 3-19（a）所示。

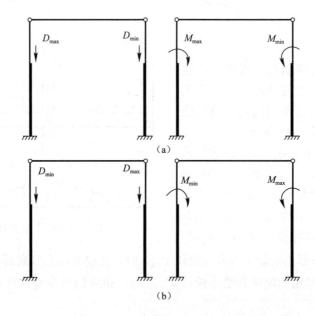

图 3-22 $D_{max,k}$、$D_{min,k}$ 作用下单跨排架的两种荷载情况

（2）作用在排架上的吊车横向水平荷载设计值 T_{max}

吊车的水平荷载有纵向水平荷载与横向水平荷载两种。

吊车纵向水平荷载是由大车的运行机构在刹车时引起的纵向水平惯性力。吊车纵向水平荷载标准值，应按作用在一边轨道上所有刹车轮的最大轮压之和的10%采用。对于一般的四轮吊车，它在一边轨道上的刹车轮只有1个，所以吊车纵向水平荷载设计值 $T_0 = 0.1 P_{max}$。该项荷载的作用点位于刹车轮与轨道的接触点，其方向与轨道方向一致，由纵向平面排架的柱间支撑承受。

吊车横向水平荷载是当小车吊有重物时刹车所引起的横向水平惯性力，它通过小车刹车轮与桥架轨道之间的摩擦力传给大车，再通过大车轮在吊车轨顶传给吊车梁，而后由吊车梁与柱的连接钢板传给排架柱，见图 3-23。因此对排架来说，吊车横向水平荷载作用在吊车梁顶面的水平处。

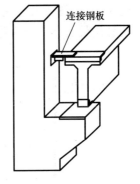

图 3-23 吊车梁与
排架柱的连接

总的吊车横向水平荷载标准值，应取横行小车重力标准值与额定起重量的重力标准值之和再乘以百分数 α。吊车横向水平荷载标准值的百分数 α 应按表 3-3 采用。

$$\sum T_{i,k} = \alpha(G_{2,k} + G_{3,k}) \qquad (3\text{-}4)$$

式中 $G_{2,k}$——小车自重标准值（kN）。

$G_{3,k}$——与吊车额定起吊质量 Q 对应的重力标准值（kN）。

吊车横向水平荷载标准值的百分数 表 3-3

吊车类型	额定起重量（t）	百分数 α
软钩吊车	≤10	12
	16~50	10
	≥75	8
硬钩吊车	—	20

软钩吊车是指吊重通过钢丝绳传给小车的常见吊车，硬钩吊车是指吊重通过刚性结构，如夹钳、料耙等传给小车的特种吊车。

吊车横向水平荷载应等分于桥架的两端，分别有轨道上的车轮平均传至轨道，其方向与轨道垂直。通常起吊质量 $Q \leqslant 50t$ 的桥式吊车，其大车总轮数为 4，即每一侧的轮数为 2，因此通过一个大车轮子传递的吊车横向水平荷载标准值 T_k，应按下式计算：

$$T_k = \frac{1}{4}\sum T_{i,k} = \frac{1}{4}\alpha(G_{2,k} + G_{3,k}) \qquad (3\text{-}5)$$

由于吊车是移动的，吊车对排架产生的最大的横向水平荷载 $T_{max,k}$ 同样应根据影响线确定。即

$$T_{max,k} = \beta\sum_{i=1}^{4} T_k y_i = \frac{1}{4}\alpha\beta(G_{2,k} + G_{3,k})\sum_{i=1}^{4} y_i \qquad (3\text{-}6)$$

如果两台吊车作用下的 D_{max} 已经求得，则两台吊车作用下的 T_{max} 可直接由 D_{max} 求的，即

$$T_{max,k} = D_{max,k}\frac{T_k}{P_{max,k}} \qquad (3\text{-}7)$$

注意，小车是沿横向左、右运行的，有正反两个方向的刹车情况，因此对 T_{max} 既要考虑它向左作用，又要考虑它向右作用。这样，对单跨排架就有两种荷载情况，对于两跨排架就有四种荷载情况。

因小车沿厂房跨度方向向左、右行驶，有正反两个方向的刹车情况，因

⑧⑨

此对 $T_{max,k}$ 既要考虑它向左作用又要考虑它向右作用。这样，对单跨排架就有两种荷载情况，对两跨排架就有四种荷载情况，如图 3-24 所示。

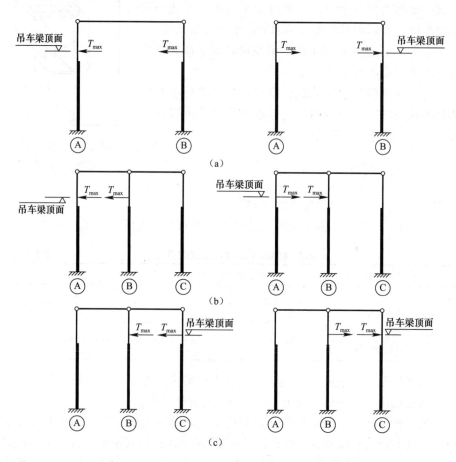

图 3-24 T_{max} 作用下单跨、两跨排架的荷载情况

（3）多台吊车组合

排架计算中考虑多台吊车竖向荷载时，对单层吊车的单跨厂房的每个排架，参与组合的吊车台数不宜多于两台；对单层吊车的多跨厂房的每个排架，不宜多于 4 台。

考虑多台吊车水平荷载时，对单跨或多跨厂房的每个排架，参与组合的吊车台数不应多于 2 台。

多台吊车同时出现 D_{max} 和 D_{min} 的概率以及同时出现 T_{max} 的概率都不大，因此排架计算是，多台吊车的竖向荷载标准值和水平荷载标准值都应乘以多台吊车的荷载折减系数 β，其取值见表 3-2。

【例题 3-1】 有一单跨厂房，跨度 24m，柱距 6m，设计时考虑两台 10t，A5 工作级别的桥式吊车，吊车桥架跨度 22.5m，其他相关参数见附录 C 求：$D_{max,k}$、$D_{min,k}$、$T_{max,k}$。

【解】 由吊车产品目录查的，桥架宽度 $B=5.922$m，轮距 $K=4.100$m，吊车最大轮压标准值 $P_{\text{max,k}} = 127.4\text{kN}$，最小轮压 $P_{\text{min,k}} = 38.9\text{kN}$，小车总质量 4.084t。

查表 3-2，得 $\beta = 0.9$。

吊车梁支座竖向反力影响线及两台吊车布置如图 3-25 所示。

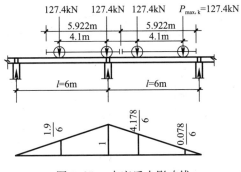

图 3-25　支座反力影响线

由式（3-2）得：

$$D_{\text{max,k}} = \beta \sum_{i=1}^{4} P_{j\text{max,k}} y_i = 0.9 \times 127.4 \times \left(1 + \frac{1.9 + 4.178 + 0.078}{6}\right) = 232.3\text{kN}$$

$$D_{\text{min,k}} = D_{\text{max,k}} \frac{P_{\text{min,k}}}{P_{\text{max,k}}} = 232.3 \times \frac{38.9}{127.4} = 70.93\text{kN}$$

查表 3-3 得，$\alpha = 0.12$，由式（3-5）～式（3-7）得：

$$T_k = \frac{1}{4} \sum T_{i,k} = \frac{1}{4} \alpha (G_{2,k} + G_{3,k})$$
$$= 0.25 \times 0.12 \times (4.084 + 10) \times 9.8 = 4.14\text{kN}$$

$$T_{\text{max,k}} = D_{\text{max,k}} \frac{T_k}{P_{\text{max,k}}} = 232.3 \times \frac{4.14}{127.4} = 7.55\text{kN}$$

4. 风荷载

排架计算时，作用在柱顶以下墙面上的风荷载按均布考虑，其风压高度变化系数可按柱顶标高与室外地坪标高的差值取值，这是偏于安全的。当基础顶面至室外地坪的距离不大时，为了简化计算，风荷载可按柱全高计算。若基础埋置较深，则按实际情况计算。

柱顶至屋脊间屋盖部分的风荷载，仍取为均布的，其对排架的作用则按作用在柱顶的水平集中风荷载 $\overline{W}_k$ 考虑，这时的风压高度变化系数可按屋盖部分的平均高度取值。

$$\overline{W}_k = \left(\sum \mu_{si} h_i\right) \mu_z w_0 B \tag{3-8}$$

式中　μ_{si}——第 i 段屋面坡面上的风载体型系数；

　　　h_i——第 i 段屋面坡面的高度；

　　　μ_z——整个屋面坡面的平均高度处的高度变化系数。

风荷载是可以变向的，因此排架计算时，要考虑左风和右风两种情况。

【例题 3-2】　某一单层单跨厂房，外形尺寸及部分风载体型系数如图 3-26 所示。基本风压 $w_0 = 0.45\text{kN/m}^2$，柱顶标高为 +10.5m，基础顶面标高为

－0.8m，室外地坪标高－0.3m，$h_1=2.1\text{m}$，$h_2=1.2\text{m}$，地面粗糙类型为 B，排架计算宽度 $B=6\text{m}$。

求：作用在排架上风荷载的标准值。

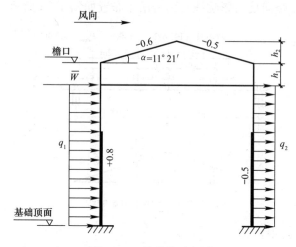

图 3-26　风荷载示意图

【解】（1）求 q_{1k}、q_{2k}

风压高度变化系数按柱顶离室外天然地坪高度 $10.5+0.3=10.8\text{m}$ 取值。

查《建筑结构荷载规范》GB 50009 得：离底面 10m 时，$\mu_z=1.00$，离底面 15m，时，$\mu_z=1.13$。则

$$\mu_z = 1 + \frac{1.13-1}{15-10}\times(10.8-10) = 1.021$$

故　$q_{1k} = \mu_s\mu_z w_0 B = 0.8\times1.021\times0.45\times6 = 2.21\text{kN/m}(\rightarrow)$

$\qquad q_{2k} = \mu_s\mu_z w_0 B = 0.5\times1.021\times0.45\times6 = 1.39\text{kN/m}(\rightarrow)$

（2）求 $\overline{W}_k$

风压高度变化系数按照平均高度 12.45m 取值。

$$\mu_z = 1 + \frac{1.13-1}{15-10}(12.45-10) = 1.0637$$

$$\overline{W}_k = \left(\sum\mu_{si}h_i\right)\mu_z w_0 B$$

$$= (0.8\times2.1+0.5\times2.1-0.6\times1.2+0.5\times1.2)\times1.0637\times0.45\times6$$

$$= 7.50\text{kN}$$

3.2.3　等高排架内力分析——剪力分配法

从排架计算的观点看，柱顶水平位移相等的排架，称为等高排架。等高排架由柱顶标高相同的，以及柱顶标高虽不同但柱顶由斜梁贯通相连的两种，如图 3-27 所示。不等高排架可见图 3-1（b）。由于计算假定（2）规定了横梁的长度是不变的，因此在这两种情况中，柱顶水平位移都相等，都可按等高排架计算。

这里只介绍等高排架的一种简便计算方法——剪力分配法。

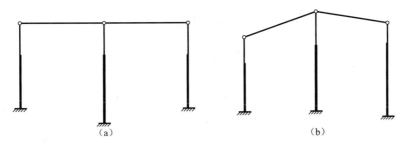

图 3-27　属于等高排架的两种情况

由结构力学知，当单位水平力作用在单阶悬臂柱时，如图 3-28 所示。柱顶水平位移

$$\Delta u = \frac{H^3}{3E_c I_l}\left[1 + \lambda^3\left(\frac{1}{n} - 1\right)\right] = \frac{H^3}{C_0 E_c I_l} \qquad (3-9)$$

式中　$\lambda = \dfrac{H_u}{H}$；

$n = \dfrac{I_u}{I_l}$；

$C_0 = \dfrac{3}{1 + \lambda^3\left(\dfrac{1}{n} - 1\right)}$；

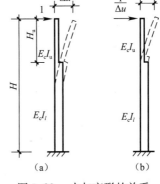

H_u、H——分别为上部柱高和柱总高；

I_u、I_l——分别为上、下部柱的截面惯性矩。

图 3-28　力与变形的关系

因此要使柱顶产生单位水平位移，则需在柱顶施加 $\dfrac{1}{\Delta u}$ 的水平力。显然，材料相同时，柱越粗壮，需施加的柱顶水平力越大。可见 $\dfrac{1}{\Delta u}$ 反映了柱抵抗侧移的能力，一般称它为柱的抗侧刚度，记作 D_0。

1. 柱顶作用水平集中力时的剪力分配。

当柱顶作用水平集中力 F 时，如图 3-29 所示。设有 n 根柱，任一柱 i 的抗侧刚度 $D_{0i} = \dfrac{1}{\Delta u_i}$，其分担的柱顶剪力 V_i 可由力的平衡条件和变形条件求得。

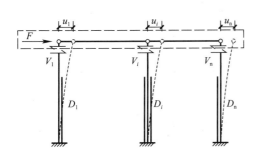

图 3-29　柱顶作用水平集中力时的剪力分配

按抗侧刚度的定义，有

$$V_i = D_{0i} u$$

故　$\displaystyle\sum_1^n V_i = u \sum_1^n D_{0i}$

而　$\displaystyle\sum_1^n V_i = F$，则 $u = \dfrac{1}{\displaystyle\sum_1^n D_{0i}} F$

所以　$V_i = \dfrac{D_{0i}}{\displaystyle\sum_1^n D_{0i}} F = \eta_i F$，

$$\eta_i = \frac{D_{0i}}{\sum\limits_{1}^{n} D_{0i}}$$

式中 η_i ——柱 i 的剪力分配系数，它等于柱 i 自身的抗侧刚度与所有柱（包括本身）总的抗侧刚度的比值。

可见，在等高排架中，柱顶水平力是按排架柱抗侧刚度分配的，抗侧刚度大的排架柱分到的多些，反之则少些。

2. 任意荷载作用时的剪力分配

当排架上有任意荷载作用时，如图 3-30（a）所示，采用剪力分配法分三个步骤进行：

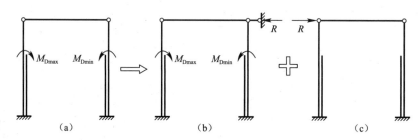

图 3-30 任意荷载下的剪力分配

（1）首先在排架柱顶上加上不动铰支座以阻止水平位移，如图 3-30（b）所示，利用附录 D 按一端固定—端铰支构件计算各柱的内力和柱顶支座反力。

（2）将各柱柱顶支座反力的合力 R 反向作用于柱顶，如图 3-30（c）所示，按前面介绍的柱顶作用水平集中荷载的剪力分配法计算相应内力。

（3）将上述两个受力状态的内力叠加，即为排架的实际内力。

这里规定，柱顶剪力、柱顶水平集中力、柱顶不动铰支座反力，凡是自左向右作用的取为正号，反之取为负号；弯矩以顺时针为正，逆时针为负。

【例题 3-3】 某单层厂房的排架计算简图如图 3-31 所示。A 柱与 B 柱形状和尺寸等均相同。求：排架内力。

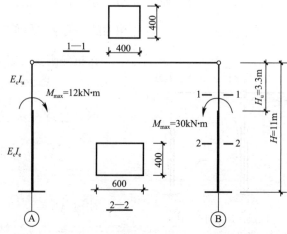

图 3-31 例题 3-3 排架计算简图

【解】

（1）计算参数 n 和 λ

上部柱截面惯性矩 $I_u = \dfrac{1}{12} \times 400 \times 400^3 = 2.13 \times 10^9 \, \text{mm}^4$

下部柱截面惯性矩 $I_l = \dfrac{1}{12} \times 400 \times 600^3 = 7.2 \times 10^9 \, \text{mm}^4$

$$n = \frac{I_u}{I_l} = \frac{2.13}{7.2} = 0.296$$

$$\lambda = \frac{H_u}{H} = \frac{3300}{11000} = 0.3$$

（2）在柱顶附加不动铰支座后的内力

在 A 柱和 B 柱的柱顶分别虚加水平不动铰支座，如图 3-32（a）所示。查附录 D 得：

$$C_3 = 1.5 \times \frac{1-\lambda^2}{1+\lambda^3\left(\dfrac{1}{n}-1\right)} = 1.5 \times \frac{1-0.3^2}{1+0.3^3\left(\dfrac{1}{0.296}-1\right)} = 1.28$$

因此不动铰支座反力为

$$R_A = -\frac{M_{\max}}{H}C_3 = -\frac{120}{11} \times 1.28 = -13.96 \, \text{kN} (\leftarrow)$$

$$R_B = -\frac{-M_{\min}}{H}C_3 = -\frac{-30}{11} \times 1.28 = 3.49 \, \text{kN} (\rightarrow)$$

因此 A 柱柱顶剪力为：

$$V_{A,1} = R_A = -13.96 \, \text{kN} (\leftarrow)$$

$$V_{B,1} = R_B = 3.49 \, \text{kN} (\rightarrow)$$

（3）撤销附加的不动铰支座

为了撤销附加的不动铰支座，需要在排架的柱顶施加水平集中力 $-R_A$ 和 $-R_B$，如图 3-32（b）所示。因为 A 柱与 B 柱相同，故剪力分配系数 $\eta_A = \eta_B = 0.5$，可得分配到柱顶剪力为：

$$V_{A,2} = V_{B,2} = \frac{1}{2} \times (-R_A - R_B) = \frac{1}{2} \times (13.96 - 3.49) = 5.24 \, \text{kN} (\rightarrow)$$

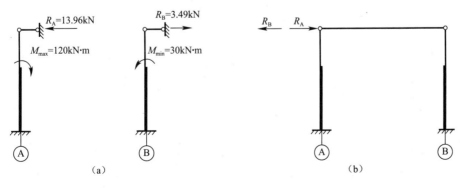

图 3-32　例题 3-3 排架内力图（一）

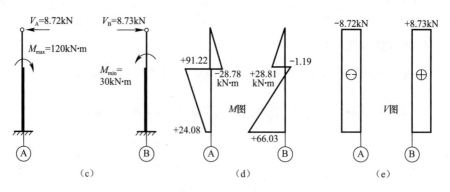

图 3-32 例题 3-3 排架内力图（二）

（4）叠加（2）和（3）状态

此时，总的柱顶剪力为：

$$V_A = V_{A,1} + V_{A,2} = -13.96 + 5.24 = -8.72\text{kN}(\leftarrow)$$

$$V_B = V_{B,1} + V_{B,2} = 3.49 + 5.24 = 8.73\text{kN}(\rightarrow)$$

相应的内力图如图 3-32（d）、（e）所示。

3.2.4 内力组合

1. 控制截面

控制截面是指构件某一区段内对截面配筋起控制作用的那些截面。因此，排架计算应致力于求出控制截面的内力而不是所有截面的内力。

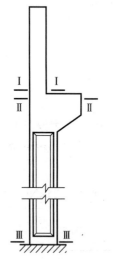

图 3-33 柱的控制截面

在图 3-33 所示的一般单阶排架柱中，通常上柱各截面配筋是相同的，而在上柱中，上柱底截面 I-I 内力最大，因此截面 I-I 为上柱的控制截面。在下柱中，通常各截面配筋也是相同的，而牛腿顶截面 II-II 和柱底截面 III-III 的内力较大，因此取截面 II-II 和 III-III 为下柱的控制截面。另外，截面 III-III 的内力值也是设计柱下基础的依据。截面 I-I 和 II-II 虽在一处，但截面及内力值却都不同，分别代表上、下柱截面，在设计截面 II-II 时，不计牛腿对其截面承载力的影响。

如果截面 II-II 的内力较小，需要的配筋较少，或者当下柱高度较大，下柱的配筋也是可以沿高度变化的。这时应在下部柱的中间再取一个控制截面，以便控制下部柱中纵向钢筋的变化。

2. 内力组合

构件控制截面的内力有弯矩、剪力和轴力，内力组合要解决的问题是这三种内力如何搭配，才能使截面最不利。立柱是压弯构件，控制内力是弯矩和轴力，因而需组合：

(1) $+M_{max}$ 及相应的 N 和 V；

(2) $-M_{max}$ 及相应的 N 和 V；

(3) N_{max} 及相应的 M 和 V；

(4) N_{min} 及相应的 M 和 V。

当柱截面采用对称配筋及对称基础时，第（1）和第（2）种内力组合合并成为一种，即：$+|M_{max}|$ 及相应的 N 和 V。

通常，按上述四种内力组合已能满足设计要求，但在某些情况下，它们可能仍不是最不利的。例如，对大偏心受压的柱截面，偏心距 $e_0 = \dfrac{M}{N}$ 越大（即 M 越大，N 越小）时，配筋量往往越多。因此，有时 M 虽然不是最大值而比最大值略小，而它所对应的 N 若减小很多，那么这组内力所要求的配筋率反而会更大些。

3. 荷载组合

荷载组合要解决的问题是各种荷载如何搭配才能得到最大的内力。例如对于 $+M_{max}$ 及相应的 N 和 V 这一种内力搭配，怎样进行荷载效应的组合，才能得到最大的 $+M_{max}$。

荷载效应的基本组合考虑两种情况：由可变荷载效应控制的组合和由永久荷载效应控制的组合。

其中，可变荷载的组合值系数 Q_i，对于风荷载取 0.6，对于屋面活荷载、雪荷载及工作级别为 A1～A7 的软勾吊车取 0.7，普通屋面积灰荷载取 0.9，硬勾吊车及工作级别是 A8 的软勾吊车取 0.95，其他详见《建筑结构荷载规范》GB 50009。

《建筑结构荷载规范》GB 50009 规定：对于不上人的屋面均布活荷载，可不与雪荷载和风荷载同时组合。故对于不上人的屋面活荷载，三者可以不同时组合，而只考虑活荷载与风载的组合；也可同时组合。

4. 内力组合表及注意事项

(1) 每次组合以一种内力为目标来决定荷载项的取舍。例如，当考虑第（1）种内力组合时，必须以得到 $+M_{max}$ 为目标，然后得到与它对应的 N、V 值。

(2) 每次组合都必须包括恒荷载项。

(3) 当取 N_{max} 或 N_{min} 为目标组合时，应使相应的 M 绝对值尽可能的大，因此对于不产生轴向力而产生弯矩的荷载项（风荷载及吊车水平荷载）中的弯矩值也应组合进去。

(4) 风荷载项中有左风和右风两种，每次组合只能取其中的一种。

(5) 对于吊车荷载应注意两点：

1) 注意 D_{max}（或 D_{min}）与 T_{max} 间的关系。由于吊车横向水平荷载不可能脱离其竖向荷载而独立存在。因此当取用 T_{max} 所产生的内力时，就应把同跨内 D_{max} 或 D_{min} 产生的内力组合进去，即"有 T 必有 D"。另一方面，吊车竖向荷载却可以脱离吊车横向水平而单独存在，即"有 D 不一定有 T"，但是考虑

到 T_{max} 既可以向左也可以向右的特性，如果取用了 D_{max} 或 D_{min} 产生的内力，总是要同时取用 T_{max} 才能得到最不利的内力。因此荷载组合时，要遵守"有 T 必有 D，有 D 也应该有 T"的原则。

2）注意取用的吊车荷载项目数。在一般情况下，内力组合时计算的吊车荷载都是表示一个跨度内两台吊车的内力（已乘两台吊车时的吊车荷载折减系数 β）。对于 T_{max}，不论单跨还是多跨排架，都只能取用一项。对于吊车的竖向荷载，单跨时在 D_{max}、D_{min} 中两者取一，多跨时或者取一项或者取两项（在不同跨内各取一项）；当取两项时，吊车荷载折减系数 β 应改为四台吊车的值。

（6）由于柱底水平剪力对基础底面将产生弯矩，其影响不能忽略，故在组合截面Ⅲ-Ⅲ的内力时，要把相应的水平剪力值求出。

（7）在确定基础尺寸时，应采用内力的标准值，所以对底截面Ⅲ-Ⅲ还需计算出内力的标准组合值。

3.2.5 考虑厂房整体空间作用的计算

图 3-34 示出了单层厂房在柱顶水平荷载作用下，由于结构或荷载情况的不同所产生的四种柱顶水平位移示意图。在图 3-34（a）中，各排架水平位移相同，互不牵制，因此它实际上与没有纵向构件连系的排架相同，都属于平面排架；在图 3-34（b）中，由于两端有山墙，其侧移刚度很大，水平位移很小，对其他排架有不同程度的约束作用，故柱顶水平位移呈曲线，$u_b < u_a$。在图 3-34（c）中，没有直接承受的排架因受到直接承载排架的牵动也将产生水平位移；在图 3-34（d）中，由于山墙，各排架的水平位移都比情况图 3-34（c）

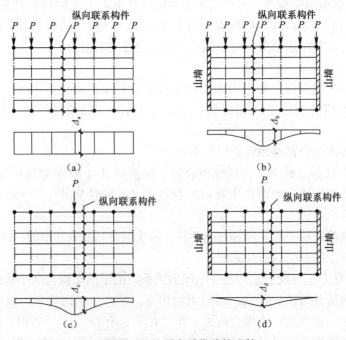

图 3-34　柱顶水平位移的比较

的小，$u_d < u_c$。可见，在后三种情况下，各个排架或山墙之间相互关联的整体作用成为厂房的整体空间作用。产生单层厂房整体空间作用的条件有两个，一是各横向排架（山墙可以理解为广义的横向排架）之间需有纵向构件将它们联系起来，二是各横向排架彼此的情况不同，或者结构不同或者是承受的荷载不同。由此可以理解到，无檩屋盖比有檩屋盖、局部荷载比均布荷载的厂房的整体空间作用大些。由于山墙的抗侧刚度大，对与它相邻的一些排架水平位移的约束亦大，故在厂房整体空间作用中起着相当大的作用。

对于单层厂房整体空间作用的研究，国内外已有不少成果。目前我国规范采用的是"空间体系"理论。由于在相同情况下，局部荷载产生的空间作用比较显著，均布荷载的空间作用较少且还有待于积累更多经验。故我国规范规定，只在吊车荷载作用下才考虑厂房的整体空间作用。

关于吊车荷载下的厂房整体空间作用，其大小取决于空间作用分配系数 μ。

3.2.6　排架的水平位移验算

下节将讲到，在一般情况下，当矩形、工字形截面尺寸满足表 3-4 的要求时，就可以认为排架的抗侧刚度已经得到保证，不必验算它的水平位移值。但在某些情况下，例如吊车吨位较大，为安全起见，尚需对水平位移进行验算。显然，最有实际意义的是验算吊车梁顶与柱连接点 K 的水平位移值。这时，考虑正常的使用情况，即按一台最大吊车的横向水平荷载作用在 K 点时验算，K 点的水平位移值 u_k，见图 3-35，尚应满足下列规定：

（1）当 $u_k \leqslant 5\text{mm}$ 时，可不验算相对水平位移值；

（2）当 $5\text{mm} < u_k < 10\text{mm}$ 时，其相对水平位移限制如下：

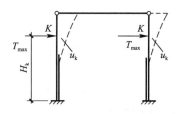

图 3-35　排架水平位移的验算

吊车工作级别为 A1～A5 的厂房柱——$\dfrac{H_k}{1800}$

吊车工作级别为 A6～A8 的厂房柱——$\dfrac{H_k}{2200}$

H_k 为自基础顶面至吊车梁顶面的距离。

对于露天栈桥柱的水平位移，则按悬臂柱计算，除考虑一台最大起重量的吊车横向水平荷载作用外，还应考虑由吊车梁安装偏差 20mm 产生的偏心力矩的作用，这时应满足下列规定：

$$u_k \leqslant 10\text{mm} \ \text{及} \ u_k \leqslant \frac{H_k}{2500} \tag{3-10}$$

在计算水平位移限制时，可取柱截面抗弯刚度：

$$B = 0.85 E_c I_0$$

式中　I_0——按弹性模量比 E_s/E_c 把钢筋换算成混凝土后的换算截面惯性矩。

3.3 单层厂房柱

3.3.1 柱的形式

单层厂房柱的形式很多，有矩形柱、工字形柱、双肢柱等，如图 3-36 所示。矩形柱的混凝土用量多，但外形简单，施工方便，抗震性能好，目前使用最为普遍。

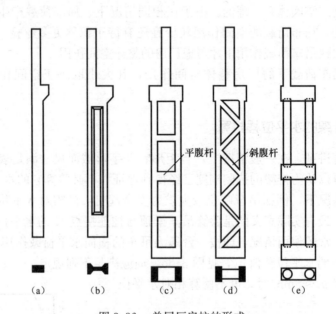

图 3-36 单层厂房柱的形式

(a) 矩形柱；(b) 工字形柱；(c) 平腹杆双肢柱；(d) 斜腹杆双肢柱；(e) 管柱

参照大量的设计经验，目前一般的柱截面高度 h 在 800mm 以下时，可考虑矩形；h 在 600～1500mm 时，可考虑采用工字形；h 在 1300mm 以上时，可考虑双肢柱。

3.3.2 矩形柱的设计

柱的设计内容一般为：确定柱截面尺寸，根据各控制截面的最不利内力组合进行截面设计；施工阶段的承载力和裂缝宽度验算；当有吊车时，还需进行牛腿设计；屋架、吊车梁、柱间支撑等构件的连接构造；绘制施工图等。

（1）截面尺寸

柱的截面尺寸应满足承载力和刚度的要求。柱具有足够的刚度是防止厂房变形过大，导致吊车轮和轨道的过早磨损或墙和屋盖产生裂缝，影响厂房的正常使用。根据刚度要求，对于 6m 柱距的厂房柱截面尺寸，可参考表 3-4。

6m柱距实腹柱截面尺寸参考表　　　　表 3-4

项目	简图	分项		截面高度 h	截面宽度 b
无吊车厂房		单跨		$\geq H/18$	$\geq H/30$,并≥ 300mm
		多跨		$\geq H/20$	
有吊车厂房		$Q\leq 10$t		$\geq H_k/14$	$\geq H_l/20$,并≥ 400mm
		$Q=15\sim 20$t	$H_k\leq 10$m	$\geq H_k/11$	
			10m$<H_k\leq 12$m	$H_k/12$	
		$Q=30$t	$H_k\leq 10$m	$\geq H_k/9$	
			$H_k>12$m	$H_k/10$	
		$Q=50$t	$H_k\leq 11$m	$\geq H_k/9$	
			$H_k\geq 13$m	$H_k/11$	
		$Q=75\sim 100$t	$H_k\leq 11$m	$\geq H_k/9$	
			$H_k\geq 14$m	$H_k/8$	
露天栈桥		$Q\leq 10$t		$H_k/10$	$\geq H_l/25$,并≥ 500mm 管柱 $r\geq H_l/70$ 并 $D\geq 400$mm
		$Q=15\sim 30$t	$H_k\leq 12$m	$H_k/9$	
		$Q=50$t	$H_k\leq 12$m	$H_k/8$	

注：1. 表中 Q 为吊车起重质量，H 为基础顶至柱顶的总高度，H_k 为基础顶至吊车梁顶的高度，H_l 为基础顶至吊车梁底的高度；

2. 表中有吊车厂房的柱截面高度系按吊车工作级别为 A6～A8 考虑的，如吊车工作级别为 A1～A5，应乘以系数 0.95；

3. 当厂房柱距为 12m 时，柱的截面尺寸宜乘以 1.1。

（2）截面设计

根据排架计算求得的控制截面最不利的内力组合 M 和 N，按偏心受压构件进行截面计算。对于刚性屋盖的单层厂房排架柱、露天吊车柱和栈桥柱，其计算长度 l_0 可按表 3-5 取用。

刚性屋盖单层房屋排架柱、露天吊车柱和栈桥柱的计算长度　　　表 3-5

柱的类别		l_0		
		排架方向	垂直排架方向	
			有柱间支撑	无柱间支撑
无吊车房屋柱	单跨	$1.5H$	$1.0H$	$1.2H$
	两跨及多跨	$1.25H$	$1.0H$	$1.2H$
有吊车房屋柱	上柱	$2.0H_u$	$1.25H_u$	$1.5H_u$
	下柱	$1.0H_l$	$0.8H_l$	$1.0H_l$
露天吊车柱和栈桥柱		$2.0H_l$	$1.0H_l$	—

注：1. 表中 H 为基础顶面算起的柱子全高，H_l 为从基础顶面到装配式吊车梁底面或现浇式吊车梁顶面的柱子下部高度；H_u 为从装配式吊车梁底面或从现浇式吊车梁顶面算起的柱子上部高度；

2. 表中有吊车房屋排架柱的计算长度，当计算中不考虑吊车荷载时，可按无吊车房屋柱的计算长度采用，但上柱计算长度仍可按有吊车房屋采用；

3. 表中有吊车房屋排架柱的上柱在排架方向的计算长度，仅适用于 H_u/H_l 不小于 0.3 的情况；当 H_u/H_l 小于 0.3 时，计算长度宜采用 $2.5H_u$。

（3）裂缝验算要求

《混凝土结构设计规范》GB 50010 规定，对于 $e_0/h_0\leq 0.55$ 的偏心受压构件，可不验算裂缝宽度。排架柱是偏心受压构件，当 $e_0/h_0 > 0.55$ 时，要进行裂缝宽度验算，这时应采用荷载准永久组合。具体详见《混凝土结构基本原理》一书。

（4）构造要求

单层厂房柱的配筋及布置应满足柱的构造要求，具体详见《钢筋混凝土原理》。

（5）施工阶段验算

预制柱考虑翻身起吊或平卧起吊，按图 3-37 中的 1-1、2-2、3-3 截面，根据运输、吊装时混凝土的实际强度，分别进行承载力和裂缝宽度验算。验算时，注意下列问题：

1）柱身自重应乘以动力系数 1.5，柱自身的重力荷载分项系数取 1.35。

2）因吊装验算系临时性，故构件安全等级可较使用阶段的安全等级降低一级。

3）柱的混凝土强度一般按设计强度的 70% 考虑，当吊装验算要求会高于设计强度值的 70% 时，应在施工图上注明。

4）一般宜采用单点绑扎起吊，吊点设在牛腿下部处。当需用多点起吊时，吊装方法应与施工单位共同协商并进行相应的验算。

5）当柱变阶处截面吊装验算配筋不足时，可在该局部区段加配短钢筋。

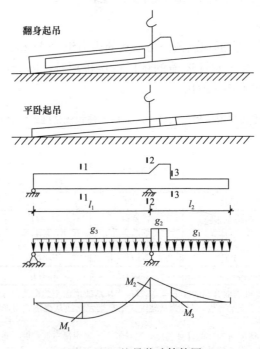

图 3-37　柱吊装验算简图

3.3.3　牛腿

牛腿是支承梁等水平构件的重要部件。根据牛腿竖向力 F_v 的作用点至下

柱边缘的水平距离 a 的大小，可以把牛腿分为两类：$a \leqslant h_0$ 时为短牛腿，当 $a > h_0$ 时为长牛腿。此处，h_0 为牛腿与下柱交接处的牛腿竖直截面有效高度，如图 3-38 所示。长牛腿的受力特点与悬臂梁相似，可按悬臂梁设计；短牛腿的受力性能与普通悬臂梁不同，其实质是一变截面深梁。下面介绍短牛腿的设计方法。

1. 实验研究结果

（1）弹性阶段应力分布

图 3-39 所示是对 $a/h_0 = 0.5$ 的环氧树脂牛腿模型进行光弹性实验得到的主应力迹线示意图。

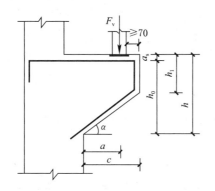

图 3-38　牛腿尺寸示意

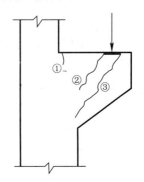

图 3-39　牛腿光弹性实验结果示意图

由图可见，在牛腿上部，主拉应力迹线基本上与牛腿上边缘平行，牛腿上表面的拉应力沿长度方向并不随弯矩的减小而减小，而是比较均匀。牛腿下部的主压应力迹线大致与加载点到牛腿下部转角的连线 ab 相平行。牛腿中下部的主拉应力迹线是倾斜的，因而该部位出现的裂缝将是倾斜的。

（2）裂缝的出现与开展

钢筋混凝土牛腿在竖向力作用下裂缝的出现和发展，如图 3-40 所示。当荷载加载到破坏荷载的 20%～40% 时，首先出现竖向裂缝①，但其开展很小，对牛腿的受力性能影响不大；当荷载继续加大至破坏荷载的 40%～60% 时，在加载板内侧附近出现第一条斜裂缝②；此后，随着荷载的增加，除这条斜裂缝不断发展及可能出现一些微小的短小裂缝外，几乎不再出现另外的斜裂缝；直到约破坏荷载的 80% 左右，突然出现第二条斜裂缝③，预示牛腿

图 3-40　牛腿裂缝示意图

即将破坏。在牛腿使用过程中，所谓不允许出现斜裂缝是指斜裂缝②而言，它是确定牛腿截面尺寸的主要依据。

（3）破坏形态

牛腿的破坏形态与 a/h_0 的值有很大关系，主要有以下三种破坏形态：弯曲破坏、剪切破坏和局部受压破坏。

当 $a/h_0 > 0.75$ 和纵向受力钢筋配筋率较低时，一般发生弯曲破坏。其特

征是当出现裂缝②后，随荷载增加，该裂缝不断向受压区延伸，水平纵向钢筋应力也随之增大并逐渐达到屈服强度，这时②外侧部分绕牛腿下部与柱的交接点转动，致使受压区混凝土压碎而引起破坏，如图3-41（a）所示。

剪切破坏分直接剪切破坏和斜压破坏。直剪破坏是当a/h_0值很小（≤0.1）或a/h_0值虽较大但边缘高度h_1较小时，可能发生沿加载板内侧接近竖直截面的剪切破坏。其特征是在牛腿与下柱交接面上出现一系列短斜裂缝，最后牛腿沿此裂缝从柱上切下而破坏，如图3-41（b）所示。这时牛腿内纵向钢筋应力较低。

斜压破坏大多发生在$a/h_0=0.1\sim0.75$的范围内，其特征是首先出现斜裂缝②，加载至极限荷载的$70\%\sim80\%$时，在这条斜裂缝外侧整个压杆范围内出现大量短小斜裂缝，最后压杆内混凝土剥落崩出，牛腿即告破坏，如图3-41（c）所示。有时在出现斜裂缝②后，随着荷载的增大，突然出现在加载板内侧出现一条通长斜裂缝③，然后牛腿沿此裂缝破坏迅速，如图3-41（d）所示。

当垫板过小或混凝土强度过低，由于很大的局部压应力而导致垫板下混凝土局部压碎破坏，如图3-41（e）所示。

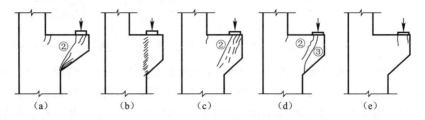

图3-41　牛腿破坏形态

2. 截面设计

以上的各种破坏形态，设计中是通过不同的途径解决的。其中，按计算确定纵向钢筋面积针对弯曲破坏；通过局部受压承载力计算避免发生垫板下混凝土的局部受压破坏；通过斜截面抗裂计算以及按构造配置箍筋和弯起钢筋避免发生牛腿的剪切破坏。

牛腿设计内容包括：确定牛腿截面尺寸、配筋计算和构造要求。

（1）截面尺寸的确定

牛腿的截面宽度取与柱同宽；长度由吊车梁的位置、吊车梁在支撑处的宽度及吊车梁外边缘至牛腿外边缘距离等构造要求确定；高度由斜截面抗裂控制，要求满足：

$$F_{vk}\leqslant\beta\left(1-0.5\frac{F_{hk}}{F_{vk}}\right)\frac{f_{tk}bh_0}{0.5+\frac{a}{h_0}} \tag{3-11}$$

式中　F_{vk}——作用于牛腿顶部的竖向力标准组合值；

F_{hk}——作用于牛腿顶部的水平拉力标准组合值；

f_{tk}——混凝土抗拉强度标准值；

β——裂缝控制系数：对支撑吊车梁的牛腿，取 $\beta=0.65$，其他牛腿，取 $\beta=0.8$；

a——竖向力作用点至下柱边缘的水平距离，应考虑安装偏差 20mm，$a<0$ 时取 $a=0$；

b——牛腿宽度；

h_0——牛腿截面有效高度，取 $h_0=h_1-a_s+c\times\tan\alpha$，当 $\alpha>45°$取，取 $\alpha=45°$，参见图 3-42 所示。

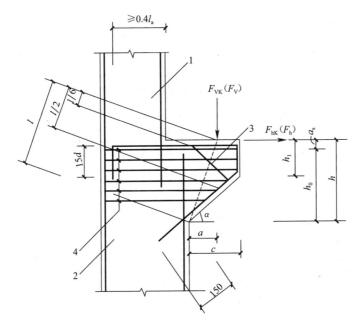

图 3-42 牛腿尺寸及其配筋
1-上柱；2-下柱；3-弯起钢筋；4-水平箍筋

式（3-11）中的 $\left(1-0.5\dfrac{F_{hk}}{F_{vk}}\right)$ 是考虑在水平拉力 F_{hk} 同时作用下对牛腿抗裂度的不利影响；系数 β 考虑了不同使用条件对牛腿抗裂度的要求，当取 $\beta=0.65$，可使牛腿在正常使用条件下，基本上不出现斜裂缝，当取 $\beta=0.8$，可使多数牛腿在正常使用条件下不出现斜裂缝，有的仅出现细微裂缝。

根据试验结果，牛腿的纵向钢筋对斜裂缝出现基本没有影响，弯筋对斜裂缝展开有重要作用，但对斜裂缝出现也无明显影响。因此，式（3-11）中未引入与纵向钢筋和弯筋的有关参数。

牛腿外边缘高度不应太小，否则，当 a/h_0 较大而竖向力靠近外边缘时，将会造成斜裂缝不能向下发展到与柱相交，而发生沿加载板内侧边缘的近似垂直截面的剪切破坏。因此，我国规范规定，h_1 不应小于 $h/3$，且不小于 200mm。

牛腿底面倾斜角 α 不应大于 45°（一般取 45°），以防止斜裂缝出现后可能引起底面与下柱相交处产生严重的应力集中。

为了防止牛腿顶面垫板下的混凝土局部受压破坏，垫板尺寸应满足下式要求：

$$F_{vk} \leqslant 0.75 f_c A \tag{3-12}$$

式中 A——牛腿支承面上的局部受压面积。

若不满足上式，应采取加大受压面积，提高混凝土强度或设置钢筋网等有效措施。

（2）截面配筋计算

1）计算简图

试验结果指出，在荷载作用下，牛腿中纵向钢筋受拉，在斜裂缝②外侧有一个不宽的压力带；在整个压力带内，斜压力 D 分布比较均匀，如同桁架中的压杆，如图 3-43（a）所示。破坏时混凝土应力可达其抗压强度 f_c，见图 3-43（b）。由于上述受力特点，计算时，可将牛腿简化为一个以纵向钢筋为拉杆和混凝土斜撑为压杆的三角形桁架，其计算简图如图 3-43（c）所示。当竖向力和作用在牛腿顶面的水平拉力共同作用时，其计算简图如图 3-43（d）所示。

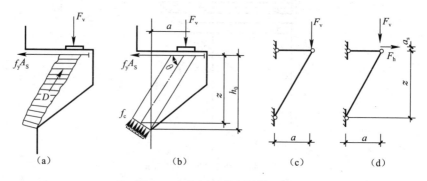

图 3-43　牛腿承载力计算简图

2）纵向受拉钢筋的计算和构造

由图 3-43（d），取力矩平衡条件，可得：

$$f_y A_s z = F_v a + F_h (z + a_s) \tag{3-13}$$

若近似值 $z = 0.85 h_0$，则得：

$$A_s = \frac{F_v a}{0.85 f_y h_0} + \left(1 + \frac{a_s}{0.85 h_0}\right) \frac{F_h}{f_y} \tag{3-14}$$

式（3-14）中 $a_s/(0.85 h_0)$ 可近似取 0.2，则得：

$$A_s = \frac{F_v a}{0.85 f_y h_0} + 1.2 \frac{F_h}{f_y} \tag{3-15}$$

式中 F_v——作用在牛腿顶部的竖向设计值；

F_h——作用在牛腿顶部的水平拉力设计值；

a——竖向力至下柱边缘的距离，当 $a < 0.3 h_0$ 时，$a = 0.3 h_0$。

可见，位于牛腿顶面的水平纵向受拉钢筋是由两部分组成：①承受竖向力的抗弯钢筋；②承受水平拉力的抗拉锚筋。

（3）配筋及构造要求

沿牛腿顶部配置的纵向受力钢筋宜采用 HRB400 级或 HRB500 级热轧带肋钢筋。全部纵向受力钢筋及弯起钢筋的一端宜沿牛腿外边缘向下伸入下柱内 150mm 后截断。另一端在柱内应有足够的锚固长度（按梁的上部钢筋的有关规定），以免钢筋未达强度设计值前就被拔出而降低牛腿的承载能力。

承受竖向力所需的水平纵向受拉钢筋的配筋率（按全截面计算）不应小于 0.2% 及 $0.45f_t/f_y$，也不宜大于 0.6%，且钢筋数量不宜少于 4 根直径 12mm 的钢筋。

当牛腿设于上柱柱顶时，宜将牛腿对边的柱外侧纵向受力钢筋沿柱顶水平弯入牛腿，作为牛腿纵向受拉钢筋使用。当牛腿顶面纵向受拉钢筋与牛腿对边的柱外侧纵向钢筋分开配置时，牛腿顶面纵向受拉钢筋应弯入柱外侧，并符合相关钢筋搭接规定。柱顶牛腿配筋构造见图 3-44 所示。

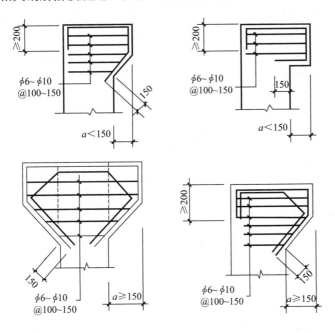

图 3-44　柱顶牛腿的配筋构造

由于式（3-11）的斜裂缝控制条件比斜截面受剪承载力条件严格，所以满足了式（3-11），就不要求进行牛腿的斜截面受剪承载力计算，但应按构造要求设置水平箍筋和弯起钢筋。我国规范规定：水平箍筋直径宜为 6～12mm，间距宜为 100～150mm；在上部 $2h_0/3$ 范围内的箍筋总截面面积不宜小于承受竖向力的受拉钢筋截面面积的 $1/2$。

实验表明，弯起钢筋虽然对牛腿抗裂的影响不大，但对限制斜裂缝展开的效果较显著。试验还表明，当剪跨比 $a/h_0 \geqslant 0.3$ 时，弯起钢筋可提高牛腿的承载力 10%～30%，剪跨比较小时，牛腿内的弯起钢筋不能充分发挥作用。故我国规范规定：当牛腿的剪跨比不小于 0.3 时，宜设置弯起钢筋。弯起钢筋宜采用 HRB400 级或 HRB500 级热轧带肋钢筋，并宜使其与集中荷载作用点到牛腿斜边下端点连线的交点位于牛腿上部$l/6\sim l/2$之间的范围内（l是该连线的长度），如图 3-42 所示。弯起钢筋截面面积不宜小于承受竖向力的受拉钢筋截面面积的 1/2，且不宜少于 2 根直径 12mm 的钢筋。

由于水平纵向受拉钢筋的应力沿牛腿上部受拉边全长基本相同，因此不得将其下弯兼作弯起钢筋。

3.4 柱下独立基础

3.4.1 柱下独立基础的形式

柱的基础是单层厂房中的重要受力构件，上部结构传来的荷载都是通过基础传至地基的。按受力形式，柱下独立基础有轴心受压和偏心受压两种，在单层厂房中，柱下独立基础一般是偏心受压的。按施工方法，柱下独立基础可以分为预制柱下独立基础和现浇柱下基础两种。

单层厂房柱下独立基础的常用形式是扩展基础，有阶梯形和锥形两类，如图 3-45 所示。预制柱下基础因与预制柱连接的部分做成杯口，故又称为杯形基础。

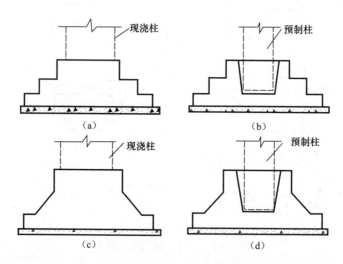

图 3-45 柱下扩展基础的形式
（a）现浇柱下阶梯形基础；（b）阶梯形杯形基础；（c）现浇柱下锥形基础；（d）锥形杯形基础

3.4.2 柱下扩展基础的设计

柱下扩展基础的设计内容主要为：确定基础底面尺寸；确定基础高度和变阶处的高度；计算板底钢筋；构造处理及绘制施工图等。

1. 确定基础底面尺寸

基础底面尺寸是根据地基承载力条件和地基变形条件确定的。由于柱下扩展基础的底面积不太大，故假定基础是绝对刚性且地基土反力为线性分布。

（1）轴心受压柱下基础

轴心受压时，假定基础底面的压力为均匀分布，见图 3-46 所示。设计时应满足下式要求：

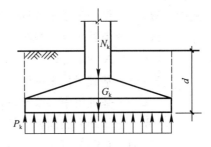

图 3-46　轴心受压基础计算简图

$$p_k = \frac{N_k + G_k}{A} \leqslant f_a \qquad (3\text{-}16)$$

式中　N_k——相应于荷载效应标准组合时，上部结构传至基础顶面的竖向力值；

　　　G_k——基础及基础上方土的重力标准值；

　　　A——基础底面面积；

　　　f_a——经过深度和宽度修正后的地基承载力特征值。

设 d 为基础埋置深度，并设基础及其上土的重力密度的平均值为 γ_m（可近似取 $\gamma_m = 20\text{kN/m}^3$），则 $G_k \approx \gamma_m dA$，代入式（3-16）可得：

$$A \geqslant \frac{N_k}{f_a - \gamma_m d} \qquad (3\text{-}17)$$

设计时先按式（3-17）算得 A，再选定基础底面积的一个边长 b，即可求得另一边长 $l = A/b$，当采用正方形时，$b = l = \sqrt{A}$。

（2）偏心受压柱下基础

当偏心荷载作用下基础底面全截面受压时，假定基础底面的压力按线性非均匀分布，如图 3-47 所示。

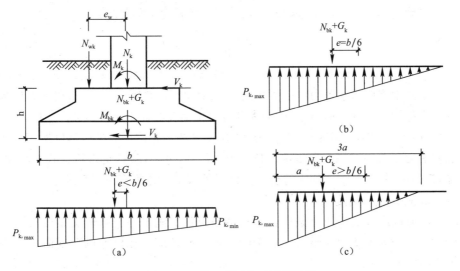

图 3-47　偏心受压基础计算简图

这时基础底面边缘的最大和最小压力可按下式计算：

$$\begin{array}{l} p_{k,\max} \\ p_{k,\min} \end{array} = \frac{N_{bk} + G_k}{A} \pm \frac{M_{bk}}{W} \qquad (3\text{-}18)$$

式中　M_{bk}——作用于基础底面的力矩标准组合值，$M_{bk}=M_k+N_{wk}e_w$；

　　　N_{bk}——由柱和基础梁传至基础底面的轴向力标准组合值，$N_{bk}=N_k+N_{wk}$；

　　　N_{wk}——基础梁传来的竖向力标准值；

　　　e_w——基础梁中心线至基础底面形心的距离；

　　　W——基础底面面积的抵抗矩，$W=lb^2/6$；

令 $e=M_{bk}/(N_{bk}+G_k)$，并将 $W=lb^2/6$ 带入式（3-18）可得：

$$\begin{matrix} p_{k,max} \\ p_{k,min} \end{matrix} = \frac{N_{bk}+G_k}{bl}\left(1\pm\frac{6e}{b}\right) \tag{3-19}$$

由式（3-19）可知，当 $e<b/6$ 时，$p_{min}>0$，这时地基反力图形为梯形，如图 3-47（a）所示；当 $e=b/6$ 时，$p_{min}=0$，地基反力为三角形，如图 3-47（b）所示；当 $e>b/6$ 时，$p_{min}<0$，如图 3-47（c）所示。这说明基础底面积的一部分将产生拉应力，但由于基础和地基的接触面是不可能受拉的，因此这部分基础底面与地基之间是脱离的，即这时承受地基反力的基础底面积不是 bl 而是 $3al$，因此此时 p_{max} 不能按式（3-19）计算，而应按下式计算：

$$p_{k,max} = \frac{2(N_{bk}+G_k)}{3al} \tag{3-20}$$

$$a = \frac{b}{2} - e \tag{3-21}$$

式中　a——合力（$N_{bk}+G_k$）作用点至基础底面最大受压边缘的距离；

　　　l——垂直于力矩作用方向的基础底面边长。

在确定偏心受压柱下基础底面尺寸时，应符合下列要求：

$$p_k = \frac{p_{k,max}+p_{k,min}}{2} \leqslant f_a \tag{3-22}$$

$$p_{k,max} \leqslant 1.2f_a \tag{3-23}$$

上式中将地基承载力特征值提高 20% 的原因，是因为 $p_{k,max}$ 只在基础边缘的局部范围内出现，而 $p_{k,max}$ 中的大部分是由活荷载而不是恒荷载产生的。

确定偏心受压基础底面尺寸一般采用试算法：先按轴心受压基础所需的底面积增大 20%～40%，初步选定长、短边尺寸，然后验算是否符合式（3-22）和式（3-23）的要求。如不符合，则需另外假定尺寸重算，直至满足。

2. 确定基础高度

基础高度应满足两个条件：①构造要求；②满足柱与基础交接处混凝土受冲切或受剪承载力的要求（对于阶梯形基础还应按相同原则对变阶处的高度进行验算）。

试验结果表明，当基础高度（或变阶处高度）不够时，柱传给基础的荷载将使基础发生如图 3-48 所示的冲切破坏；当基础底面短边尺寸小于或等于柱宽加两倍基础有效高度的柱下独立基础，可能发生剪切破坏。

（1）柱下独立基础的受冲切承载力

《建筑地基基础设计规范》规定，柱下独立基础，在柱与基础交接处以及

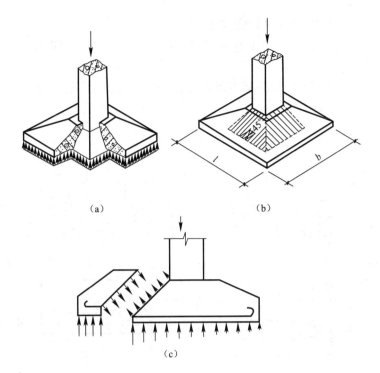

（a）　　　　　　　　　　（b）

（c）

图 3-48　基础冲切破坏示意图

基础变阶处受冲切承载力可按下式计算：

$$F_l \leqslant 0.7\beta_{hp}f_t a_m h_0 \tag{3-24}$$

$$F_l = p_s A_l \tag{3-25}$$

$$a_m = \frac{a_t + a_b}{2} \tag{3-26}$$

式中　β_{hp}——受冲切承载力截面高度影响系数，当 h 不大于 800mm 时，β_{hp} 取 1.0；当 h 大于或等于 2000mm 时，β_{hp} 取 0.9，期间按线性内插法取用；

　　　f_t——混凝土轴心抗拉强度设计值（kPa）；

　　　h_0——基础冲切破坏锥体的有效高度（m）；

　　　a_m——冲切破坏锥体最不利一侧斜截面的计算长度（m）；

　　　a_t——冲切破坏锥体最不利一侧斜截面的上边长；当计算柱与基础交接处的受冲切承载力时，取柱宽，当计算基础变阶处的受冲切承载力时，取上阶宽；

　　　a_b——冲切破坏锥体最不利一侧斜截面在基础底面积范围内的下边长（m），当冲切破坏锥体的底面落在基础底面以内，如图 3-49 所示，计算柱与基础交接处的冲切承载力时，取柱宽加两倍基础有效高度；当计算基础变阶处的受冲切承载力时，取上阶宽加两倍该处的基础有效宽度；

　　　p_s——扣除基础自重及其上土重后相应于作用的基本组合时的地基土单位面积净反力（kPa），对偏心受压基础可取基础边缘最大地

基土单位面积净反力;

A_l——冲切验算时取用的部分基地面积（m²），如图 3-49 中的 *ABCDEF*;

F_l——相应于作用的基本组合时作用在 A_l 上的地基土净反力设计值（kPa）。

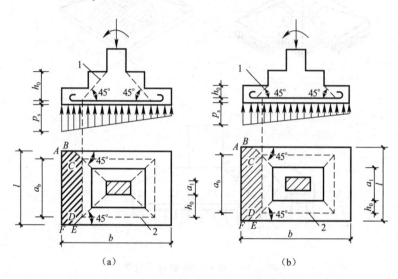

图 3-49 计算阶形基础的受冲切承载力截面位置

(a) 柱与基础交接处；(b) 基础变阶处

1-冲切破坏锥体最不利一侧的斜截面；2-冲切破坏锥体的底面线

（2）柱下独立基础的受剪切承载力

当基础底面短边尺寸小于或等于柱宽加两倍基础有效高度时，应按下列公式验算柱与基础交接处截面受剪承载力:

$$V_s \leqslant 0.7\beta_{hs} f_t A_0 \tag{3-27}$$

$$\beta_{hs} = (800/h_0)^{1/4} \tag{3-28}$$

式中 V_s——相应于作用的基本组合时，柱与基础相交接处的剪力设计值（kN），图 3-50 中 *ABCD* 阴影部分乘以基地平均净反力;

β_{hs}——受剪切承载力高度影响系数，当 $h<800$mm 时，取 $\beta_{hs}=1.0$；当 $h>2000$mm 时，取 $\beta_{hs}=0.9$；

A_0——验算截面处基础的有效截面面积（m²），当验算截面为阶形或锥形时，可将其截面折算成矩形截面，截面的折算宽度和截面的有效高度按附录 E 计算。

设计时，一般是根据构造要求先假定基础高度，然后按式（3-24）及式（3-27）验算。当基础底面落在 45°线（即冲切破坏锥体）以内时，可不进行受冲切及受剪验算。

3. 计算板底受力钢筋

在计算基础底板受力钢筋时，由于地基土反力的合力与基础及其上方土的自重力相抵消，不对配置受力钢筋产生影响。因此这时地基土的反力中不

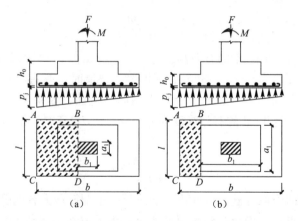

图 3-50　验算阶形基础受剪切承载力示意图

(a) 柱与基础交接处；(b) 基础变阶处

应计入基础及其上方土的重力，而采用地基净反力设计值 p_s 来计算钢筋。

基础底板在地基净反力设计值作用下，在两个方向都将产生向上的弯曲，因此需在底板两个方向都配置受力钢筋。配筋计算的控制截面一般取在柱与基础交接处或变阶处。计算弯矩时，把基础视作固定在柱周边或变阶处的四面挑出的倒置悬臂板，如图 3-51 所示。

在轴心荷载或单向偏心荷载作用下，当台阶的宽高比不小于或等于 2.5 且偏心距小于等于 1/6 基础宽度时，柱下矩形独立基础任意截面的底板弯矩可按下列方法进行计算：

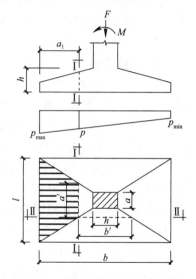

图 3-51　矩形基础底板计算示意

$$M_{\mathrm{I}} = \frac{1}{12} a_1^2 \left[(2l + a')(p_{s,max} + p_{s,\mathrm{I}}) + (p_{s,max} - p_{s,\mathrm{I}})l \right] \quad (3-29)$$

$$M_{\mathrm{II}} = \frac{1}{48} (l - a')^2 (2b + b')(p_{s,max} + p_{s,min}) \quad (3-30)$$

式中　M_{I}、M_{II}——相应于作用的基本组合时，任意截面 I-I、II-II 处的弯矩设计值（kN·m）；

a_1——任意截面 I-I 至基底边缘最大反力处的距离（m）；

l、b——基础底面的边长（m）；

$p_{s,max}$、$p_{s,min}$——相应于作用的基本组合时的基础底面边缘最大和最小的地基净反力设计值（kPa）；

$p_{s,\mathrm{I}}$——相应于作用的基本组合时在任意截面 I-I 处基础底面地基净反力设计值（kPa）。

为了简化计算，一般沿 b 方向的受拉钢筋截面面积 $A_{s\mathrm{I}}$ 可近似按下式计算：

$$A_{sI} = \frac{M_I}{0.9 f_y h_{0I}} \tag{3-31}$$

式中 h_{0I}——截面 I-I 的有效高度，$h_{0I} = h - a_{sI}$，当基础下有混凝土垫层时，取 $a_{sI} = 45\text{mm}$，无混凝土垫层时，取 $a_{sI} = 75\text{mm}$。

沿短边方向的钢筋一般置于沿长边钢筋的上面，如果两个方向的钢筋直径均为 d，则截面 II-II 的有效高度为 $h_{II} = h_{0I} - d$，于是，沿短边 l 方向的受拉钢筋为：

$$A_{sII} = \frac{M_{II}}{0.9 f_y (h_{0I} - d)} \tag{3-32}$$

对同一方向应取各截面（柱边、变阶处）中配筋最大者配筋。

请注意两点：①确定基础底面尺寸时，为了与地基承载力特征值 f_a 相匹配，应采用内力标准值，而在确定基础高度和配置钢筋时，应按基础自身承载能力极限状态的要求确定，采用内力设计值；②在确定基础高度和配筋计算时，不应计入基础自身重力及其上方土的重力，即采用地基净反力设计值 p_s。

4. 构造要求

轴心受压基础一般做成方形；偏心受压基础一般做成矩形，通常 $b/l \leqslant 2$，最大不超过 3；锥形基础的边缘高度不宜小于 200mm，且两个方向的坡度不宜大于 1：3。阶梯形基础的每阶高度，宜为 300～500mm。

扩展基础的混凝土强度不应低于 C20，其受力钢筋最小配筋率不应小于 0.15%，板底受力钢筋的最小直径不应小于 10mm，间距不应大于 200mm，也不应小于 100mm。基础下面通常做混凝土垫层，其厚度不宜小于 70mm，通常采用 100mm，其强度等级不宜低于 C10。当有垫层时，钢筋保护层的厚度不应小于 40mm；无垫层时不应小于 70mm。

当扩展基础的边长大于或等于 2.5m 时，板底受力钢筋的长度可取边长的 0.9 倍，并宜交错布置，如图 3-52 所示。

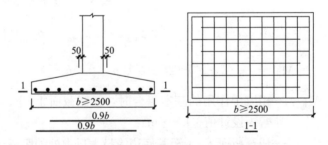

图 3-52 柱下独立基础板底受力钢筋布置

当预制柱的截面为矩形及工字形时，柱基础采用单杯口形式；当为双肢柱时，可采用双杯口，也可采用单杯口形式。杯口构件如图 3-53 所示。

预制柱插入基础杯口应有足够的深度，使柱可靠地嵌固在基础中，插入深度 h_1 应满足表 3-6 的要求，同时 h_1 还应满足柱纵向受力钢筋锚固长度的要求和柱吊装时稳定性的要求，即应使 $h_1 \geqslant 0.05$ 倍柱长（指吊装时的柱长）。

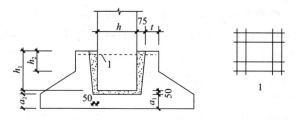

图 3-53 预制钢筋混凝土柱与杯口基础的连接示意图

注：$a_2 \geqslant a_1$；1—焊接网

柱的插入深度 h_1（mm）				表 3-6
矩形或工字形柱				双肢柱
$h<500$	$500 \leqslant h<800$	$800 \leqslant h<1000$	$h>1000$	
$h \sim 1.2h$	h	$0.9h$ 且 $\geqslant 800$	$0.8h$ 且 $\geqslant 1000$	$(1/3 \sim 2/3)h_a$ $(1.5 \sim 1.8)h_b$

注：1. h 为柱截面长边尺寸；h_a 为双肢柱全截面长边尺寸；h_b 为双肢柱全截面短边尺寸；

2. 柱轴心受压或小偏心受压时，h_1 可适当减小，偏心距大于 $2h$ 时，h_1 应适当增大。

基础的杯底厚度和杯壁厚度，可按表 3-7 选用。

基础的杯底厚度和杯壁厚度		表 3-7
柱截面长边尺寸 h（mm）	杯底厚度 a_1（mm）	杯壁厚度 t（mm）
$h<500$	$\geqslant 150$	$150 \sim 200$
$500 \leqslant h<800$	$\geqslant 200$	$\geqslant 200$
$800 \leqslant h<1000$	$\geqslant 200$	$\geqslant 300$
$1000 \leqslant h<1500$	$\geqslant 250$	$\geqslant 350$
$1500 \leqslant h<2000$	$\geqslant 300$	$\geqslant 400$

注：1. 双肢柱的杯底厚度值，可适当加大；

2. 当有基础梁时，基础梁下的杯壁厚度，应满足其支持宽度的要求；

3. 柱子插入杯口部分的表面应凿毛，柱子与杯口之间的空隙，应用比基础混凝土强度等级高一级的细石混凝土填充密实，当达到材料设计强度 70% 以上时，方能进行上部吊装。

当柱为轴心受压或小偏心受压且 $t/h_2 \geqslant 0.65$，或大偏心受压且 $t/h_2 \geqslant 0.75$ 时，杯壁可不配筋；当柱为轴心受压或小偏心受压且 $0.5 \leqslant t/h_2 < 0.65$ 时，杯壁可按表 3-8 构造配筋；其他情况下，应按计算配筋。

杯壁构造配筋			表 3-8
柱截面长边尺寸（mm）	$h<1000$	$1000 \leqslant h<1500$	$1500 \leqslant h<2000$
钢筋直径（mm）	$8 \sim 10$	$10 \sim 12$	$12 \sim 16$

注：表中钢筋置于杯口顶部，每边两根，如图 3-53 所示。

小结及学习指导

1. 单层厂房排架结构主要由屋面板、屋架、支撑、吊车梁、柱和基础组成。结构分析时一般近似地简化为横向平面排架和纵向平面排架。横向平面排架主要由横梁（屋架和屋面梁）和横向柱列（包括基础）组成。承受全部竖向荷载和横向水平荷载；纵向平面排架由连系梁、吊车梁、纵向柱列（包括基础）和柱间支撑组成，不仅承受厂房的纵向水平荷载，而且保证厂房结构的纵向刚度和稳定性。

2. 单层厂房的结构布置包括确定柱网尺寸、厂房高度、设置变形缝、布置支撑系统和围护结构等。

3. 单层厂房的荷载计算，主要有恒载（屋盖、柱、吊车梁等零件）、活载（屋面活载、雪荷载等）、吊车荷载（吊车竖向荷载 D_{max}，D_{min} 及吊车横向水平荷载 T_{max}）、风荷载。

4. 单层厂房排架结构采用剪力分配法的内力分析为本章重点和难点。该法将作用于柱顶的水平集中力和按各柱的抗侧刚度进行分配。对承受任意荷载的等高排架，先在排架柱顶部附加不动铰支座并求出相应的支座反力，然后用剪力分配法进行计算。

5. 单层厂房排架柱截面最不利内力组合也是本章重点和难点。由于作用于排架上的各单项组合同时出现的可能性较大，但各单项荷载都同时达到最大值的可能性却较小。故需将各单项荷载作用下的排架的内力分布计算出来，按照 $+M_{max}$、$-M_{max}$、N_{max}、N_{min} 四种目标组合，确定柱控制截面的最不利内力。

6. 单层厂房排架柱按偏心受压构件计算以保证使用阶段的承载力要求和裂缝宽度要求；此外，还要按受弯构件进行验算以保障施工阶段（吊装、运输）的承载力要求和裂缝宽度限制等。

7. 柱牛腿分为长牛腿和短牛腿。长牛腿为悬臂受弯构件，按悬臂梁设计；短牛腿为一变截面悬臂深梁，其截面高度一般以不出现斜裂缝作为控制条件确定，其纵向受力钢筋一般由计算确定，水平箍筋和弯起钢筋按构造要求设置。

8. 柱下独立基础根据受力可分为轴心受压基础和偏心受压基础，根据基础的形状可分为阶形基础和锥形基础。独立基础的底面尺寸可按地基承载力要求确定，基础高度由构造要求和抗冲切、抗剪承载力要求确定，底板配筋按固定在柱边的倒置悬臂板计算。

思考题

3-1 单层工业厂房的结构类型有哪几种？根据哪些因素的不同来采用？如何确定单层厂房选用何种结构类型？

3-2 何谓等高排架？

3-3 对于钢筋混凝土排架结构，在确定其计算简图时做了哪些假定？

3-4 单层厂房结构通常由哪些结构组成？各部分结构的组成、作用？

3-5 单层厂房变形缝的种类有哪些？设计原则是什么？

3-6 柱网布置的原则有哪些？

3-7 单层厂房一般需要设置各种支撑，这些支撑主要起什么作用？支撑的分类有哪些？应布置在什么位置？

3-8　圈梁起什么作用？圈梁与柱子之间如何连接？

3-9　排架柱柱子的插入深度如何确定？与什么因素有关？

3-10　多台吊车荷载作用时，要求进行荷载折减，原因何在？如有两台吊车，吊车荷载如何折减？

3-11　为何要对柱进行吊装验算？

3-12　如何选择柱的截面形式？其特点如何？

单层厂房结构课程设计任务书

一、设计题目

杭州市郊区××厂装配车间，如下图所示。

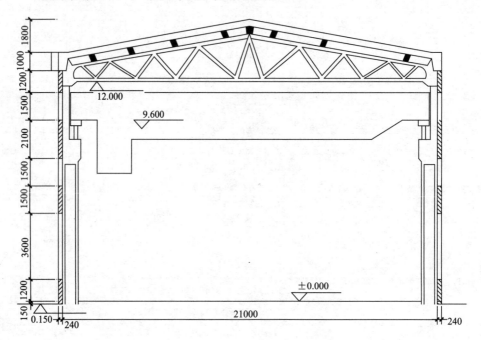

二、设计资料

1. 该车间抗震设防烈度为 6 度。

2. 该车间为单跨车间：跨度 21m，柱距 6m，总长 156m；中间设一道伸缩缝，柱顶标高 12.00m，轨顶标高 9.60m。考虑基础顶面标高为 −0.5m。

3. 车间跨内设有 2 台 150/50kN 中级工作制吊车，其参数见下表。

吊车参数（北京起重机厂）

起重量（kN）	桥跨 L_k（m）	最大轮压 P_{max}（kN）	小车重 Q_1（kN）	轮距 K（m）	大车宽 B（m）	额定起重量 P（kN）	吊车总重 Q（kN）
150/50	19.5	160	60.7	4.4	5.6	150	254

4. 根据工程地质勘探报告，可选编号③的层土为持力层（粉质黏土），其

深度距地表面 1m 左右，厚度约 5~8m，承载力修正后的特征值 $f_a = 140 \text{kN/m}^2$，常年平均地下水稳定在地面下 3m 处。

5. 屋面：三毡四油防水层上铺小石子（自重标准值：0.4kN/m^2）；20mm 厚水泥混合砂浆找平层（自重标准值：20kN/m^3）；100mm 厚水泥珍珠岩制品保温层（自重标准值：4kN/m^3）；预应力混凝土大型屋面板。

另：屋面均布活载标准值为 0.5kN/m^2。

6. 墙体：240mm 厚清水墙（自重标准值：5.19kN/m^2），每柱距内均有钢窗（或门）（自重标准值：0.45kN/m^2），钢窗宽 2.4m。

7. 标准构件选用：

（1）预应力混凝土大型屋面板采用 G410（一）标准图集，其板重（包括灌缝）标准值为 1.35kN/m^2。

（2）屋架采用 CG423 标准图集中的预应力混凝土折线形屋架（适用于卷材防水屋面），自重标准值为 74kN。屋面支撑的自重标准值为 0.05kN/m^2，天沟及雨水的自重标准值为 20kN。

（3）吊车梁采用 G425 标准图集中的预应力混凝土吊车梁，梁高 1000mm，自重标准值 34.8kN，轨道及零件自重标准值 0.82kN/m，轨道构造高度 200mm。

8. 材料：柱采用 C30 混凝土，受力主筋用 HRB400 级钢筋，箍筋用 HPB300 级钢筋；基础采用 C20 混凝土，钢筋用 HPB300 级钢筋。

9. 设计依据：现行的《荷载规范》、《混凝土结构设计规范》等。

10. 风荷载：基本风压值 $w_0 = 0.5 \text{kN/m}^2$，地面粗糙度为 C 类，查表得 10m 与 15m 高度处 μ_z 均为 0.74kN/m^2。风载体型系数注于下图中（实际计算风载时柱子高度按照 12.5m 即可）。

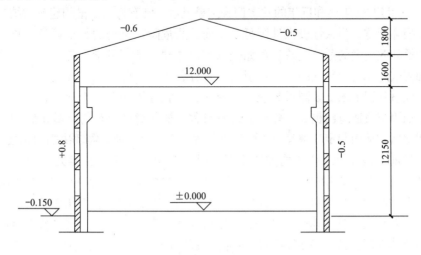

三、设计内容

1. 排架柱设计（计算书和施工图）。

2. 排架柱下单独基础设计（计算书和施工图）。

第4章
混凝土结构修复、加固

本章知识点

> 知识点：混凝土结构性能劣化的机理及检测、评估基本方法，混凝土结构裂缝、缺陷修复方法及其优缺点，混凝土结构加固、补强方法及其优缺点，混凝土结构加固设计方法。
>
> 重点：混凝土受拉、受弯构件的正截面加固设计，混凝土受拉、受弯构件的斜截面加固设计。
>
> 难点：加固构件二次受力问题及设计方法，剥离破坏机理及针对设计方法。

4.1 引言

随着我国改革开放的深入进行，国民经济快速发展，建筑事业日新月异。一大批早期建筑因建造时代的局限性，设计荷载偏低、功能老化、承载力不足等，出现了各种各样的病害，成为建筑行业发展的潜在隐患。

20世纪80年代和近年的几次调查结果显示，已有相当数量的建筑物结构老化及损坏严重，耐久性极大地降低，从而造成危险建筑物的数量逐年增长。面对数量如此庞大的危险建筑物，如全部推倒重建，既不科学，更不现实。建筑物加固改造是一全球性的问题，引起了世界各国的高度重视，并提到了刻不容缓的议事日程上来。如同世界众多国家一样，我国钢筋混凝土建筑物维修、养护、加固与改造也已提到了建设的议事日程。如何对已建钢筋混凝土结构进行检测评估，从而制定科学又经济的维修加固方案，是目前急需解决的问题之一。

目前，国际上对建筑物加固维修，以及如何提高其承载能力的问题非常重视，竞相投入大量的人力物力进行老旧建筑物加固技术研究。随着我国经济建设的高速发展，社会工业化水平提高，人们对建筑物结构的服务水平也提出了新的更高的要求。20世纪70年代以来，为适应我国混凝土结构养护与加固改造要求，我国各省公路管养部门就陆续开展了混凝土结构加固技术的试验研究和工程实践尝试。近二三十年来，国内出现了许多混凝土结构加固工程实例，在混凝土结构技术改造方面，特别是在桥梁加固的补强加固方面，积累了丰富的实践经验，取得了丰硕成果。中国工程建设标准协会1991年制订颁布了"混凝土结构加固技术规范"。目前，交通运输部公路司组织一些省市公路局、交通运输部公路科学研究所等单位正在编制的"公路混凝土桥梁加固技术规程",用于规范指导公路混凝土桥梁的加固工作。

4.2　混凝土结构加固工程的特点及程序

4.2.1　混凝土结构加固工程的特点

（1）加固工程往往在不中断结构使用功能的条件下施工，要求施工工艺简便、施工速度快、工期短；

（2）加固工程的施工现场狭窄、拥挤，常受原有结构、构件的空间制约，大型预制构件很难进入现场，大型施工机械难以发挥作用；

（3）加固施工过程中往往对原有和相邻的结构、构件产生不利影响，因而在工程实施过程中应尽量减少原有结构的损伤；

（4）加固施工常分段分期行，还会因各种干扰而中断；

（5）加固确有困难或经综合比较后所用经费大，而结构损坏又并不严重时可采用限制荷载和改变结构用途等方法进行处理；

（6）加固施工过程中的清理、拆除工作量往往较大，工程较繁琐复杂，并常常存在许多不安全因素；

（7）对于可能出现倾斜、开裂或倒塌等不安全因素的结构构件，在加固施工前应采取临时措施以防止发生安全事故；

（8）由于腐蚀、冻融、振动、地基不均匀沉降等原因造成的结构损坏加固时必须同时考虑减小、抵御或消除这些不利因素的有效措施，以避免加固后的结构继续受损；

（9）加固增强的方案拟订及设计计算需充分考虑新、旧结构的强度、刚度与使用寿命的均衡以及新、旧结构的共同工作，使之协调变形；

（10）加固工程相对新建结构经济效益十分显著，其费用仅占新建结构的20%～30%。

4.2.2　混凝土结构加固一般程序

混凝土结构加固工程一般应遵循以下工作程序：

结构可靠性鉴定-加固方案确定-加固设计-施工组织设计-加固施工-验收。

结构可靠性鉴定，主要是对病害结构的病情诊断。加固方案受主客观等多方面因素所制约。加固设计是现行规范及有关标准对加固方案的深化过程。加固施工是对被加固结构按加固设计进行加固的施工过程，对于大型结构加固，为确保质量和安全，施工前应编制施工组织设计。结构加固工程是项复杂的系统工程，因而在组织施工过程中，必须全盘考虑，综合分析，并且采取综合措施充分挖掘结构的内部潜力。然而在混凝土结构加固工程实践中，由于病害诊断错误，或加固方案和设计不够合理，或施工组织不够全面往往造成意想不到的严重后果。

4.3　一般的混凝土结构修复加固方法

4.3.1　裂缝的处理方法

如何检验、评定服役混凝土结构承载能力，对其进行维修、加固、补强，以提高结构承载等级的有效方法，越来越得到世界各国的关注。加固技术的研究和应用主要有如下几方面的问题要求加以重视和突破：

（1）如何正确评价现有结构的实际承载能力与安全度的问题；

（2）如何及早地检查发现结构产生的损坏及异常现象，正确地检定结构物的损坏程度，从而采用合理的维修加固方法问题；

（3）结构损坏与维修加固的实际应用问题；

（4）结构维修加固技术，即采用维修加固新的技术与方法问题；

（5）结构设计与维修管理的关系，即如何把维修加固中发现的问题，放到今后结构设计上进行考虑的问题；

（6）结构维修加固的未来展望，如何提出更合理的维修管理方法与策略的问题。

裂缝分收缩裂缝、温度裂缝、荷载作用产生的裂缝，具体的处理方法主要有下面一些。

1. 表面处理法

这是一种在微裂缝（一般宽度小于 0.2mm）的表面涂抹填料及防水材料，以提高其防水性和耐久性为目的的方法。这种方法的缺点是修补工作无法深入到裂缝内部，以及对延伸性裂缝难于追踪其变化。因此，对于宽度发生变化的裂缝，要设法使用有伸缩性的材料。表面处理方法所用材料视修补目的及其结构物所处环境不同而异，通常使用弹性涂膜防水材料（如玻璃布）、聚合物水泥膏及水泥填料等。

2. 注浆法

该方法系在裂缝中注入树脂或水泥类材料，以提高其防水性及耐久性。注浆法的主要注浆材料是环氧树脂，以往均采用手动或脚踏式输液泵注入浆液，但存在无法控制注入量。对于不贯通的裂缝，则存在难于将浆液注入内部，注入压力太大有可能使裂缝宽度扩大等问题。所以，现在多采用低压低速注入法。此法具有易于控制注入量且可注入裂缝深部的优点。当灌浆材料采用环氧树脂时，应该注意到，由于环氧树脂的黏度不同，有时浆液无法充分注入裂缝，但增加溶剂量又会降低黏性而达不到预期的目的；对于延伸性裂缝，环氧树脂的变形跟踪性较差（环氧树脂的变形量约为 2%），所以，对这类裂缝，应该使用可挠性环氧树脂。另外，环氧树脂与钢抓钉并用可提高裂缝部位的整体性，是一种防止裂缝继续发展的好办法。

3. 充填法

这是一种适合于修补较宽裂缝 0.5mm 以上的方法，具体做法是沿裂缝凿一条深槽，然后在槽内嵌补各种粘结材料，如水泥砂浆、环氧砂浆、膨胀水泥砂浆、环氧树脂混凝土、沥青及各种化学补强剂等。对钢筋混凝土结构而言，这种修补方法视钢筋是否锈蚀而异。当钢筋未锈蚀时，沿裂缝处以大约10mm 左右的宽度将混凝土凿成 U 形或 V 形，在开槽处充填密封材料以修补裂缝；当钢筋已经锈蚀时，将混凝土凿除到能够充分处置已经生锈的钢筋部分，先对钢筋除锈，然后在钢筋上涂抹防锈底涂料，再充填密封材料。

4. 表面喷涂法

应在钢筋表面涂上树脂涂料以减少锈蚀，然后再用上述方法修补裂缝；喷浆修补是一种在经凿毛处理的裂缝表面，喷射一层密实而且黏度高的水泥砂浆保护层，来封闭裂缝的修补方法。喷浆前，需要把结构表面的剥离部分除去，再用水冲洗清洁，并在开始喷浆之前把基层湿润，然后再开始喷浆。

5. 壁可注入法

主要是通过往裂缝中注入粘结材料，来达到维修目的（如图 4-1）。以往的注入法可以分为两大类，一是以高压在短时间内高速注入；另一种是低压长时间低速注入。但是两种方法都存在缺点，前一种方法，密封材料容易发生崩裂，且材料不能进入缝的最深处，往往只能在注入口的附近扩散；后一种方法虽保证了可靠注入，但长时间人工操作，实用性很低。壁可法的优点有：

（1）对裂缝中的任何凹槽和角落都能进行可靠的注入。

图 4-1　壁可注入法

（2）借助注入器的内部压力注入，不需要把裂缝扩大为 V 形缝及预埋管，注入过程可持续很长时间，而无需人力。

（3）注入材料可以完美地渗入到裂缝的最末端，甚至包括钢筋与混凝土间的缝隙。

（4）均匀而可靠的压力控制。

（5）注入材料的硬化容易确认。

壁可法所用的修补材料也与传统的环氧树脂材料相比也有自己明显的特点：

（1）良好的柔韧性。

（2）良好的渗透力。

（3）良好的抗收缩性。

（4）瞬间固化。

（5）出众的耐久性。

壁可法存在的缺点有，施工过程中发现，只有当注入器橡胶灌膨胀充满限制套时，才表示该裂缝胶已灌满，因此就有一部分置留在橡胶管内，浪费较大。进注入工具，减少浪费值得研究。

图 4-2　喷射混凝土

6. 喷射混凝土

如图 4-2 所示，喷射混凝土是借助喷射机械，利用压缩空气或其他动力，将按一定比例配合的拌合料，通过管道运送并高速喷射到受喷面（岩面、模板、旧建筑物）上凝结硬化而成的一种混凝土，由水泥与集料的反复连续撞击而使混凝土压实，同时又可采用较小的水灰比（0.4～0.5），因而它具有较高的力学强度和良好的耐久性。目前比较流行的是喷射合成纤维混凝土，也就是在喷射混凝土中掺入三维分布的合成纤维来改善混凝土性能。喷射合成纤维混凝土除具有被喷射混凝土抗压、抗拉、抗剪、抗弯、粘结强度高的优点外，还具有以下特点：

（1）较好的抗裂、阻裂性能。

（2）较高的抗冲击性能。

（3）较好的耐磨、耐腐蚀性能。

（4）较好的抗渗、抗冻融性能。

（5）较好的抗疲劳性和抗碎裂性。

（6）在施工过程中，由于合成纤维尚能提高混凝土材料的黏聚性，因此，在喷射合成纤维混凝土时，回弹率大大降低。适用于桥台、桥墩、梁、桥板的修复和加固。

7. 裂缝加固技术的发展前景

以上仅介绍了目前比较常用的几种加固技术，此外还有其他的一些未及介绍。需要强调的是各种维修加固技术各有其优缺点和适用性，以上所介绍的加固技术不是单一的、非此即彼的关系，在很多时候需要结合使用。可以预见混凝土结构维修加固的新材料、新技术和新工艺，随着科学和社会的进步还将不断推出，并推动着结构加固技术的不断成熟和完善。

总之，通过在部分混凝土结构裂缝修补的实践，壁可法获得了广泛赞誉。在我国铁道系统、公路系统及水利水电系统都得到了应用，为我国混凝土结构裂缝的修复工作提供了一种新的方法。在重点研究结构加固方案和组织实施结构加固施工的同时，更要重视对加固后结构的检测和观察，以确定加固的效果，积累加固经验。混凝土加固维修技术是近年兴起的一门新技术，需要多学科综合知识和理论体系支撑，为此，有大量学习研究工作需要我们付出不懈的努力。

4.3.2　增大截面和增加辅助构件相关技术

目前，工程上常用的钢筋混凝土结构修复、加固方法有很多种，这里主要介绍增大截面法和粘钢加固法，其他方法只作简单介绍。

1. 增大截面和配筋加固法

这种方法是加固行业早期普遍采用的方法，近几十年来，国内外对增大截面法加固技术理论进行了相当数量的研究。其技术问题主要在三个方面：（1）界面问题，指加固材料与旧混凝土材料之间的界面问题。（2）构件加固问题，针对单个构件加固，国内外都有相当数量的试验，但由于单个构件加固的试验主要侧重于碳纤维加固或者预应力加固，用于增大截面法加固试验非常少。（3）结构加固问题，单个构件加固的研究可以解决一般的构件设计计算问题，但人们最终关心的是整个结构在加固后的工作性能，而目前混凝土结构与构件增大截面法加固设计方法在理论计算方面的研究并不完善。

如图 4-3 所示给出了增大截面加固法，即增大构件截面和配筋，用以提高构件的强度、刚度、稳定性和抗裂性，也可用来修补裂缝等。根据被加固构件的受力特点和加固目的要求、构件部位与尺寸、施工方便等可设计为单侧、双侧或三侧加固，以及四周外包加固。根据不同的加固目的和要求，又可分为增大截面为主加固和加配钢筋为主的加固，或者两者同时采用的

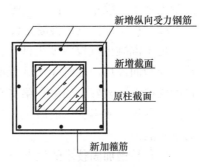

图 4-3　柱增大截面法加固

加固。增大截面为主的加固，为了保证补加的混凝土正常工作，亦需适当配置构造钢筋。加配钢筋为主的加固，为了保证配筋的正常工作，需按钢筋的间距和保护层等构造要求决定适当增大截面尺寸。加固中应将新旧钢筋焊接，或用锚杆连接钢筋和原构件，同时将旧混凝土表面凿毛清洗干净，确保新旧混凝土良好结合。

增大截面加固方法具有下列优点：对加固所用材料无更多要求，并且加固效果通常都能达到加固的要求；适用于中小跨径钢筋混凝土结构，其加固技术简单，施工方便，能满足承载力和耐久性提高的要求。但也存在着一些问题，如目前采用增大截面法加固设计一般是采用建筑设计规范已有的设计计算方法，忽略了结构带载加固分阶段受力的特点，从而导致所使用的计算方法不尽合理或与工程实际不符；同时，钢筋混凝土桥梁的构件尺寸大，恒载（自重）和车辆荷载作用大，并不完全等同于工业与民用建筑，而在役钢筋混凝土桥梁构件通常是带裂缝工作的，建筑加固计算方法并不完全适用于钢筋混凝土桥梁的加固工程中。

2. 粘钢加固法

粘钢加固法是通过胶粘剂把钢板粘贴在构件的受拉一侧，以达到增强构件抗弯、抗拉目的的一种加固方法。这种加固方法施工周期短，粘钢所占空间小，几乎不改变构件外形，却能较大幅度提高构件承载能力和正常使用阶段性能。

（1）发展状况

粘钢法始于 20 世纪 60 年代，20 世纪 70 年代传入我国，我国于 20 世纪 80 年代初开始对其进行研究推广。目前我国粘钢法加固的粘胶质量已达到相

117

关要求。粘钢加固结构的理论也日趋成熟。现在我国已有了建筑胶粘剂质量标准规范和粘钢加固钢筋混凝土结构的设计及施工规范。

目前对粘钢加固技术的研究基本上是以试验研究为主，包括：

1）粘钢加固构件的静载试验研究；

2）粘钢加固技术的动载试验研究；

3）粘结层的应力分析。国内外对粘钢加固构件的静载试验研究，主要涉及试验过程中的各种不同因素对粘钢构件结构性能（极限强度、开裂荷载、刚度、变形、延性和破坏类型等）的影响。其中包括：钢板厚度、胶层厚度、混凝土强度、胶粘剂性能、锚固形式等。

（2）粘钢加固钢筋混凝土梁的工作原理

由于混凝土抗拉强度很低，在不大的荷载作用下，素混凝土梁就会以受拉区开裂而破坏，此时受压区混凝土的抗压强度却没有被充分利用。由于钢材的受拉性能较好，如果在梁受拉区下边缘配置适量的钢筋，利用钢筋代替混凝土受拉，使得受压混凝土的抗压强度能充分发挥，这样就大大提高了梁的承载能力。

（3）粘钢加固技术的优点

粘钢加固技术与传统加固技术相比，具有以下优点：

1）胶粘剂硬化时间短。一般构件加固3天后即可受力使用。

2）工艺简单，施工方便。只需对被加固构件的表面进行处理，用胶粘剂将钢板与之牢固地粘结成一个整体。

3）胶粘剂的粘结强度高于混凝土、石材等，可以使加固体与原构件形成一个良好的整体，受力较均匀，较少在混凝土中产生应力集中现象。

4）粘结钢板所占空间小、几乎不增加构件的断面尺寸和重量，不影响建筑物的使用净空间、不影响构件的外观。

5）加固效果显著，可有效地保护原构件的混凝土不再产生裂缝或使已有的裂缝得到控制而不继续扩展。

（4）存在的问题及改进意见

粘贴钢板加固结构，胶粘剂的耐久性问题及钢板的防腐问题是阻碍该技术推广应用的主要因素，必须进一步研究各种自然环境作用下对加固构件受力性能的影响，并跟踪观察已采用粘贴钢板加固结构的使用状况、环氧树脂胶的老化失效时间，从而确定粘贴钢板加固技术的长期性能，必须积累更多的试验数据确定与我国加固材料、加固环境相适应的有效强度计算方法和有效强度衰减时间，并完善现有的加固计算理论。

3. 锚喷混凝土加固法

锚喷混凝土加固法是从隧道施工中转化而来的加固方法，主要用于因支点截面尺寸偏小而导致的抗剪强度不足混凝土梁的加固维修。尽管近年来已有锚喷混凝土加固拱桥以及钢筋混凝土整体式板桥的成功应用实例，但是，在构件抗弯刚度满足要求的情况下一般不推荐使用，"锚喷"，系借锚入原结构内的锚杆挂设钢筋网，再施喷加入适量速凝剂的混凝土至结构面层，形成与原结构共同承受外荷载作用的组合结构。

（1）锚喷加固的优点

1）喷射混凝土凝结速度快、粘结性好、早期强度高；

2）喷射混凝土基本不用模板，施工快速简单；

3）施工设备和工序简单，占地面积小，节省劳动力，经济可靠，适应性强。

（2）锚喷加固的缺点

1）后期强度下降。通过检查加固后使用年限为8~10年的结构表明，锚喷技术加固拱桥存在后期强度低、不利于结构永久性使用；

2）对专业技术人员要求较高，不利于大面积的推广应用；

3）存在一个新旧混凝土的衔接问题，加上施工过程中需要封闭交通，施工过程对环境影响较大。

4. 化学植筋

化学植筋技术是运用高强度的化学粘合剂，使钢筋、螺杆等与混凝土产生握裹力，从而达到预留效果。施工后产生高负荷承载力，不易产生移位、拔出，并且密封性能良好，无需作任何防水处理。由于其通过化学粘合固定，不但对基材不会产生膨胀破坏，而且对结构有补强作用。化学植筋特点：高承载力（剪力、拉力）对固定的基材不产生膨胀力，适宜在边距、间距小的部位施工；简便迅速，时间短，安全并符合环保要求；是建筑工程中钢筋混凝土结构变更、追加、加固的最有效的方法。适用性：钢筋锚固工艺主要用于在原结构上新增构件的钢筋生根工作。

5. 外包钢加固法

外包钢加固法是用乳胶水泥、环氧树脂化学灌浆或焊接等方法在梁柱四周包型钢进行加固的方法。这种方法可以在基本不增大构件截面尺寸的情况下增加构件承载力，提高构件刚度和延性。适用于混凝土结构、砌体结构的加固，但用钢量大，加固费用较高。

6. 外粘玻璃钢法

玻璃钢是一种复合材料，它具有与混凝土的线膨胀系数相近、比强度高、优良的电磁绝缘性等特点，可分别在梁底面和侧面粘贴玻璃钢来增强钢筋混凝土梁的抗弯和抗剪承载力，并改善梁的变形性能。

7. 改变结构受力体系加固法

改变结构受力体系加固法，通过改变结构受力体系以达到提高结构整体承载能力的目的，是一种变被动为主动的加固方法。该加固方法的技术关键是如何有效降低结构各控制截面的计算内力，常见的如通过在简支梁下增设支架或支柱以减小结构跨径；通过在相邻简支梁支点区域进行连接处理，将简支梁结构变为连续梁结构以降低跨中计算弯矩；通过在梁下增设钢桁架或叠合梁以分担原结构的内力等。最简单的如通过简支体系变连续体系以降低跨中弯矩，但该技术争议颇大，特别是相邻梁端负弯矩区的处理技术是困扰该技术推广应用的难点。

8. 增设纵梁加固法（拓宽改建）

在地基安全性能好，并具有足够承载能力的情况下，可采用增设承载力高和刚度大的新纵梁，新梁与旧梁相连接，共同受力。由于荷载在新增主梁后的结构中重新分布，使原有梁中所受荷载得以减少，由此使加固后的结构承载能力和刚度得到提高。当增设的纵梁位于主梁的一侧或两侧时，则兼有加宽的作用。

9. 拱圈增设套拱加固法

当拱式桥梁的主拱圈为等截面或变截面的砖、石或混凝土等实体拱，且下部结构无病害，同时桥下净空与泄水面积允许部分缩小时，可在原主拱圈顶面或底面增设一层新拱圈（上套拱或下套拱），即紧贴原拱圈浇筑或锚喷混凝土新拱圈，此法可有效地改善拱桥的受力性能。

10. 增设主梁加固法

增设主梁加固法一般结合结构的拓宽工程进行，单纯以提高结构承载能力而采用该方法（相当于采用大边梁技术）的应用实例较少。这种方法不但投资较大且存在新旧结构的衔接问题，从已有拓宽结构使用效果来看，问题大都出现在新旧结构的衔接缝上，在往复荷载作用下，桥面铺装层往往出现沿衔接面方向的通缝，一般很难根治，需进行反复的修补，不但增加了后期养护的费用，也对衔接面两侧钢筋混凝土主梁（板）的耐久性形成威胁，一般不单独采用。

11. 增加横向联系加固法

增加横向联系加固法也是近几年采用较多的加固方法。该方法是通过增设结构横向连接系以改善上部结构的荷载横向分布规律，从而达到提高结构整体承载能力的加固方法。一般用于无内横梁或少内横梁的 T 形截面及工字形截面结构，工程上常在相邻主梁间增设现浇混凝土横梁或钢横梁的方法来提高横向抗弯刚度。同时，当内横梁刚度较小时，也有采用横向预应力技术提高横向抗弯刚度的加固实例，但一般可归于体外预应力加固的范畴。该技术的缺陷在于会对原结构造成一定程度的损伤，不宜用于配筋较为复杂区域或构件的加固设计，以免增加加固后的安全隐患。

12. 钢结构的防腐加固

钢结构腐蚀的主要类型：均匀腐蚀、点蚀、缝隙腐蚀、应力腐蚀和疲劳腐蚀。钢结构的防腐蚀方法：常用的钢结构防腐蚀措施主要分为两类：一类是机械隔离措施，即采用惰性材料包覆在钢结构表面，隔离水、氧气等腐蚀介质以达到防腐蚀的目的；另一类是根据电化学腐蚀原理，人为提高钢结构的电位，使其处于电位较高的一极，从而达到保护目的。依据上述原理，常用的钢结构防腐蚀方法有火焰喷涂、热浸镀、涂料涂装、电弧喷涂复合涂层等。

4.3.3　体外预应力加固技术

体外预应力结构技术是后张法应力体系的重要分支，它与体内预应力即布置于混凝土截面内的有粘结或无粘结预应力结构技术相对应。体外预应力是指布置于承载结构主跨本体之外的钢束张拉而产生的预应力，钢束仅在锚固区域设置在结构本体内，转向块可设在结构体内或体外。当今，体外预应力可以灵活地应用于各种结构设计，并在结构修复和加固工程中可获得非常显著的效果。

1. 体外预应力技术加固结构的机理

体外预应力加固是将具有防腐保护的预应力筋布置在需要加固的梁体的外部，通过设置一定的连接构件使预应力拉杆（钢丝索或粗钢筋）与被加固的梁体锚固连接，然后对后加的预应力筋施加预应力，以预加力产生的反弯矩抵消部分外荷产生的内力，起到卸载的作用，从而改变原结构的内力分布，并降低原结构应力水平，改善梁的使用功能，减少结构的变形、使裂缝宽度缩小甚至完全闭合并提高梁的承载能力。

2. 体外预应力技术加固结构优缺点

体外预应力加固技术有如下优点：预应力筋容易设置，可以更换预应力筋，便于在使用期内检测和维护；能够控制和调校体外索的应力；在箱梁的壁内不存在预应力管道，不需要清凿混凝土保护层，并且损伤梁体程度比较小，加固时可以做到不影响桥下交通；简化了曲线预应力筋，体外筋仅在锚固区和转向块处与结构相连，减小了钢筋束的摩阻损失，预应力筋利用效率高；体外预应力筋与混凝土之间无粘结，由荷载产生的应力变化分散在预应力筋全长上，因此应力变化幅值较小，这对承受较大活荷载和抗疲劳有利；能有效地控制原结构的裂缝和挠度，使裂缝部分或全部闭合，使挠度大幅度减小；能够较大幅度的提高结构的承载能力，能够恢复或提高结构的荷载等级，利用体外预应力技术加固结构后，可延长结构使用寿命，为结构养护管理及加固补强带来可观的经济效益等。

体外预应力加固技术亦有缺陷：需注意体外力筋腐蚀和防火等耐久性问题，并因为承受着振动要限制其自由长度；锚固区和转向块因承受着巨大的纵、横向力因而特别笨重，设置不便，施工复杂；体外预应力结构外露面不平整等。

3. 体外预应力加固结构设计方法

采用体外预应力加固法可提高结构构件的受弯承载力。张拉预应力筋在梁上产生的预应力内力，基本上与恒载内力相反，预应力筋布置应符合优化布置原则，即加固筋外形与外荷载产生的弯矩图形相似。因此，加固梁式结构时，体外预应力筋多采用折线形连续筋，以充分发挥加固筋的抗拉强度。体外筋的灵活布置，可以有效地补强加固不同受力情况的简支梁和连续梁。若连续梁中仅有个别跨需要加固，则可采取在这些跨上单独布置预应力筋进行局部加固；若连续梁普遍较差，则可用各跨布置给予整体加固，若连续梁普遍较弱，但个别跨更弱，则可采取通长布置与局部布置相结合的办法进行加固。

在进行加固设计计算时，要计算出梁在加固前所受荷载及其引起的内力，包括恒载和活载内力，其计算方法与结构设计时计算相同。同时确定预应力筋所需的张拉力和施工中的张拉应力控制值并计算加固体系的预应力损失。其预应力损失的计算主要包括：摩阻力引起的预应力损失；锚具变形引起的预应力损失；温差引起的预应力损失；分批张拉由于混凝土弹性收缩引起的预应力损失；钢筋松弛引起的预应力损失；混凝土收缩与徐变引起的预应力损失。

体外索加固结构受弯构件时，可按偏心构件验算梁的承载力；按无粘结部分预应力混凝土结构，认为截面受弯破坏时，梁内的非预应力钢筋达到屈服，而预应力钢筋达不到极限强度。钢筋混凝土梁加固后，应进行正常使用阶段下的正截面强度和裂缝、挠度计算，以验算体外预应力加固体系是否合理。在正常使用极限状态的各项指标计算时，按整体变形协调条件计算在外荷载作用下预应力筋的应力增量。具体验算方法可参照公路桥规范和文献。

4. 主要的施工工艺

合理的施工工艺是实现体外预应力加固效果的基础和保证。首先，体外筋预应力的保持以及体外筋不因转向而老化、损伤是体外预应力体系对结构加固的关键；其次，体外预应力体系对结构的加固从准确、牢固地安好锚固块锚板，到转向装置的正确施工，以及预应力筋的张拉等过程都对施工工艺要求较高。通过对锚固块及转向装置的分析，主要从减小预应力筋的应力损失出发，如何对转向装置和锚固块的施工以及张拉预应力钢筋的工艺提出具体的要求，并建立一套合理的预应力加载与锁定方式以及检测与评价标准，以实现设计的初衷，达到经济、合理的设计要求也是一个重要的环节。

具体施工工艺总结如下：

(1) 锚箱的加工制作；

(2) 锚箱混凝土浇筑；

(3) 锚固节点、转向节点的加工制作与安装；

(4) 预应力筋穿束及张拉；

(5) 灌浆及封平端部；

(6) 预应力体系的保护。

可将预应力钢丝束涂上防锈漆，外面再罩以砂浆或混凝土保护层，或者用套管封闭钢丝束，使之具有一定的耐久性。

4.3.4 FRP复合材料加固技术

上述讲了增大截面法、外包钢加固法、体外预应力加固法等传统的补强加固方法，这些方法的应用历史长久，技术相对成熟，却也有着不同的缺陷或应用范围局限，而其最大的缺点是无法解决被加固构件的钢材锈蚀问题。为解决这个问题，最近20多年来，人们把目光逐渐转向了新型的先进复合材料，特别是纤维增强塑料的应用。FRP，纤维增强复合塑料，是英文（Fiber Reinforced Plastics）的缩写。FRP复合材料是由纤维材料与基体材料按一定的比例混合，经过特别的模具挤压、拉拔而形成的高性能型材料（如图4-4和

图 4-5 所示)。由于所使用的树脂品种不同,因此有聚酯纤维、环氧纤维、酚醛纤维之称。

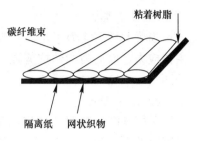

图 4-4　碳纤维片组成示意图

1. 普通碳纤维片材的加固技术

(1) 普通碳纤维片材的发展状况

CFRP 是 Carbon Fiber Reinforced Plastics 的简称,即碳纤维增强塑料,是纤维类材料中的一种,也是纤维类材料中迄

图 4-5　纤维布和纤维条

今为止应用于土木工程领域最早、技术最成熟、用量最大的一种高科技材料。20 世纪 60 年代起,美国、加拿大、欧洲和日本等国通过研究开发和工程试点,已在不少桥梁和房屋建筑的新建、改建和加固工程中应用。我国从 20 世纪 80 年代后期开始,针对碳纤维片材加固修复土木建筑结构的技术进行研究和工程应用,至 20 世纪 90 年代,已从主要用于工业与民用建筑的加固修复发展到针对桥梁、隧道、水利工程以及其他特种结构的加固修复领域的研究和应用。近年来,粘贴 FRP 板加固混凝土结构已经成为一种非常普遍加固的方法。这项技术始于 20 世纪 80 年代瑞士联邦材料试验室 (EMPA) 的 CFRP 板加固混凝土梁试验,近 10 多年来,随着世界范围工程结构加固需求量的不断增大以及碳纤维材料价格的持续下降,碳纤维加固混凝土结构的研究也呈现飞速发展的态势。随着碳纤维加固研究技术的深入,FRP 加固混凝土构件可分为几种方法:

1) 常规的表层粘贴法,即外贴补强 (EB-FRP) 法;

2) 在构件表面开槽后将 FRP 板材嵌入后灌入树脂,即嵌入加固 (NSM-FRP) 法;

3) 采用机械紧固件使 FPP 板锚固于混凝表面,使混凝土构件与 FRP 两者协同受力,即机械紧固 (MF-FRP) 法。

碳纤维加固方法的适用范围主要有以下三个方面:

1) 受弯加固

当所受的弯矩大于梁、板所能承受的弯矩时,可在受拉部位用碳纤维加固。

123

2）受剪加固

当梁的抗剪能力不足、斜截面的主拉应力过大时，可以使用碳纤维承受主拉应力，以提高梁的抗剪强度。碳纤维可以粘贴在梁的两侧，也可以在梁的两侧与梁底同时粘贴。

3）围束加固

采用碳纤维围绕墩柱作围束加固时，可使碳纤维与箍筋共同承受拉力，混凝土处于有利的三向受压条件下，则墩柱能承受较大的轴向压力。

采用表层粘贴法对混凝土构件进行抗弯加固是目前研究最为广泛的方法。国内外对该方法进行了大量试验及理论研究，分析了FRP材料类型、板端锚固方式、FRP粘贴长度、粘贴层数、加固面积以及配筋率等因素对试件承载力的影响。

最初用纤维布加固桥梁结构，纤维布在一定程度上能显著提高桥梁的抗弯能力，但对刚度的提高很低，桥梁刚度的提高需要材料的刚度不小于桥梁桥本身的刚度，因此如需显著提高桥梁的弯曲刚度一般用纤维板或纤维棒来加固，另外有缺陷时，用CFRP加固其强度提高更为明显，在实验中发现弯曲刚度的提高与CFRP的弹性模量有关，模量越大，刚度增加越大，但这时对弯曲强度和延性有负面影响。如图4-7所示的横向的U形纤维布包裹加强图。

CFRP布和板也可以粘贴在梁的侧面，增大抗剪能力，抑制斜裂缝的产生和加宽，增大结构的抗剪能力，一般是斜向粘贴于侧面上，与梁的轴线方向呈一定的夹角。

现有的研究表明，碳纤维加固混凝土梁的破坏模式主要有弯曲破坏、剪切破坏和剥离破坏三种，而剥离破坏（图4-6）是最为常见的破坏形式，各国学者对此提出了多种FRP加固混凝土梁剥离破坏模型。而现有的建议设计公式仅针对加固梁的弯曲破坏模式，这些公式均在考虑受弯极限状态的基础上，对现有钢筋混凝土梁的设计方法加以推导而得到；对于加固梁二次受力的影响，通过修正初始FRP应变值加以考虑。

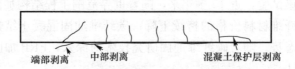

端部剥离　　中部剥离　　　　　混凝土保护层剥离

图4-6　纤维布的典型剥离破坏模式

FRP U形箍

图4-7　横向的U形纤维布包裹加强图

由上分析，对于非预应力碳纤维加固混凝土结构，国内外学者已开展了广泛的研究，并已制定相应的加固技术规范。

（2）施工工艺

优良的施工工艺、先进的管理方法以及严格的质量检验是确保碳纤维片与混凝土结构的可靠粘贴，充分发挥这种混凝土结构修复、补强新技术优越性的技术保证。碳纤维片修复补强施工的工艺流程大致如下（图4-8）：

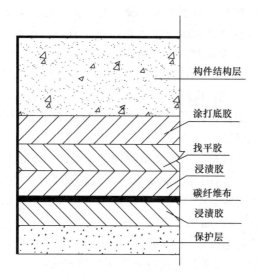

图 4-8　碳纤维布加固示意图

1）混凝土基底处理

混凝土表面用角向打磨机去除混凝土表面的浮浆、油污等杂质。

2）涂刷底胶

专用滚筒刷将胶均匀涂抹于混凝土构件表面，等胶固化后，再进行下一道工序。

3）修补找平

混凝土表面凹陷部位应用刮板嵌刮整平胶料填平，模板接头等出现高度差的部位应用整平胶料填补，尽量减少高差。

4）粘贴碳纤维布

按设计要求的尺寸裁剪碳纤维布。在粘贴面重新放线定位粘贴碳纤维布位置。用刮板在碳纤维布表面沿纤维方向施加压力并向一个方向或从中间向两个方向滚动碾压，但不允许来回反复滚动，以去除气泡，使碳纤维布充分浸润胶料，并保持碳纤维布平直。等胶固化后，粘贴下一层碳纤维布，粘贴方法与上一层相同。

5）涂刷表面防护层

在最后一层粘贴碳纤维布表面均匀涂刷一层防护胶。

6）养护与复原

（3）碳纤维加固机理及特点

碳纤维为极细纤维，因强度高，故由环氧树脂将其结合成一体后在纤维方向上具有高抗拉强度。碳纤维的强度虽然很高，但是其弹性系数却与钢筋相差不多，碳纤维用于钢筋混凝土的加固上不会有不匹配的问题，因此可以用于弥补钢筋混凝土内钢筋的抗拉不足部分。碳纤维加固结构属二次组合结构，而就如钢筋与混凝土间的握裹力一般。碳纤维需借助胶粘剂与混凝土结合，两者之间的结合必须大于混凝土本身的抗剪强度，这种胶粘剂涂抹于平整的混凝土表面，一般称之为底层树脂，易于渗入混凝土内与混凝土结合成类似树脂混凝土，可以加强混凝土的强度，并与碳纤维密切结合，有效传递剪力，当采用碳纤维粘贴于混凝土结构受拉表面时，碳纤维与原结构形成新的受力整体，碳纤维与钢筋共同承受荷载，降低了钢筋应力，从而使结构达到了加固和补强效果。与传统的结构加固方法相比，碳纤维加固技术具有以下显著特点。

1）材料力学性能好，碳纤维材料抗拉强度为普通钢材的10倍以上，弹性模量与钢相近，重量轻。

2）作为一种复合材料，碳纤维抗腐蚀性能及耐久性能稳定，不与酸碱盐等化学物质发生反应，对内部的混凝土结构也起到了保护作用。

3）碳纤维布质量轻且厚度薄，单位体积重量仅为钢材的1/4左右，加固后不增加构件的自重及断面尺寸。

4）具有良好的适应性，由于碳纤维布是一种柔性材料，而且可以任意地裁减、弯折，对圆形、曲面的结构也可采用此种方法。

5）加固施工极为便捷，操作空间要求较宽松，没有湿作业，不需要大型的施工机械，施工占地较少，施工时对环境的影响较小，工效高。

6）通过环氧树脂系列材料与结构有效粘结，不需要对原结构打孔和埋设锚固螺栓，因而对原结构不会造成新的损伤。

7）不影响交通，常规加固施工大部分需要禁止车辆通行。而采用碳纤维材料进行加固，一般无需对交通进行管制。

8）加固费用低，有国外专家针对碳纤维布粘贴加固既有混凝土梁的理论和试验研究表明，用碳纤维布代替钢板加固混凝土梁可节约资金25%左右。

9）用CFRP板加固基本不减小结构的延性。

10）可以有效地封闭混凝土结构的裂缝，延长结构的使用寿命。

11）碳纤维片可以多层粘贴，适合于各种形状的结构，充分满足修复补强的要求。

（4）普通碳纤维加固技术的缺点

然而，大量的研究及工程应用实例均表明，采用常规方法将碳纤维片材粘贴于结构表面的加固方法，也存在如下明显的不足之处：

1）碳纤维材料的延性不足、耐火性能差、弹性模量与强度的比值过低、环氧树脂层传递的剪力有限。

2）碳纤维的拉伸弹性模量相对于其强度过低，应用于结构加固的碳纤维拉伸强度一般都达到2300MPa以上，而其弹性模量一般只有170~250GPa左右，高的也不过380~640GPa左右，而要发挥其极限强度，碳纤维片材需要1.7%左右的变形。而钢筋达到屈服强度只需要0.15%的变形，当碳纤维与钢筋共同工作时，钢筋完全发挥强度时碳纤维片材才发挥出不到20%的强度，若考虑加固前钢筋原有的初始应变，碳纤维片材强度的利用效率更低。

3）被加固结构与碳纤维片材之间的环氧树脂粘结层容易发生粘结破坏。环氧树脂的剪切强度与剪切变形是一定的，超过其极限剪应变后粘结层即产生界面微裂缝，随着微裂缝的不断扩展，界面最后发生剥离破坏，所以粘贴碳纤维片材加固有其限度，过量粘贴会导致界面无法传递足够的剪应力而使得碳纤维片材的强度无法得到充分利用，并且在构件承受较大荷载时容易出现粘结破坏。

上述缺陷在相当程度上限制了碳纤维片材在加固领域中的进一步应用，而解决这一不足的有效措施就是对碳纤维片材施加预应力。

2. 预应力碳纤维材料的加固技术

（1）预应力 FRP 布加固混凝土受弯构件

近年来，国内外对预应力 FRP 布加固混凝土受弯构件试验研究及理论分析进行了许多有益的尝试。试验结果显示：预应力碳纤维布加固试件的开裂荷载和极限荷载都有明显提高，抑制了裂缝和变形的开展。

我国有学者自行研发了一套预应力碳纤维布张拉机具，并进行了预应力碳纤维布加固钢筋混凝土梁和预应力混凝土梁的抗弯试验（图 4-9）。研究显示：两端的有效锚固在防止碳纤维布脆性剥离方面发挥了十分有效的作用，预应力加固改变了构件的破坏形态——由碳纤维布从混凝土表面剥离破坏变成了 CFRP 被拉断，提高了其承载能力；提出基于平截面假定和材料位移平衡的正截面承载力计算方法。

关于目前国内外针对预应力纤维布加固混凝土结构的研究，主要集中在实验室对小比例混凝土梁进行试验研究。这是由 FRP 布材料本身特点决定的，若要进行实际结构（截面较大的构件）加固则需要多层 FRP 布，操作难度会随之加大许多，此时若采用厚度较大、施工更为简便的纤维板加固会更合理、有效，但纤维布的张拉工艺将不再适用。

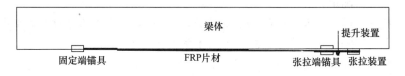

图 4-9　用螺杆连接张拉端锚具

（2）预应力 FRP 板加固混凝土受弯构件

CFRP 加固技术对混凝土结构的加固已有了很多年的研究，在欧洲、美国以及日本已经有了指导性的设计规范，然而 CFRP 材料对钢结构的加固却起步较晚，研究较少。

4.4　粘贴纤维增强复合材加固设计方法

4.4.1　受压构件正截面加固计算

（1）轴心受压构件可采用沿其全长无间隔地环向连续粘贴纤维织物的方

127

法（简称环向围束法）进行加固。

（2）采用环向围束加固轴心受压构件适用于下列情况：

1）长细比 $l/b \leqslant 12$ 的圆形截面柱；

2）长细比 $l/b \leqslant 14$，截面高宽比 $h/b \leqslant 1.5$，截面高度 $h \leqslant 600$mm，且截面棱角经过圆化打磨的正方形或矩形截面柱。

当 $l/d \geqslant 12$（圆形截面柱）或 $l/b \leqslant 14$（正方形或矩形截面柱），构件的长细比已经比较大，有可能因纵向弯曲而导致纤维材料不起作用；与此同时，若矩形截面边长过大，也会使纤维材料对混凝土的约束作用明显降低，故明确规定了采用此方法加固时的适用条件。

（3）采用环向围束的轴心受压构件，其正截面承载力应符合下列规定：

$$N \leqslant 0.9[(f_{c0} + 4\sigma_l)A_{cor} + f'_{y0}A'_{s0}] \tag{4-1}$$
$$\sigma_l = 0.5\beta_c k_c \rho_f E_f \varepsilon_{fe}$$

式中　N——轴向压力设计值；

f_{c0}——原构件混凝土轴心抗压强度设计值；

σ_l——有效约束应力；

A_{cor}——环向围束内混凝土面积；对圆形截面；$A_{cor} = \pi D^2/4$；对正方形和矩形截面：$A_{cor} = bh - (4-\pi)r^2$；

D——圆形截面柱的直径；

b——正方形截面边长或矩形截面宽度；

h——矩形截面高度；

r——截面棱角的圆化半径（倒角半径）；

β_c——混凝土强度影响系数；当混凝土强度等级不大于 C50 时，$\beta_c = 1.0$；当混凝土强度等级为 C80 时，$\beta_c = 0.8$；其间按线性内插法确定；

k_c——环向围束的有效约束系数，按《混凝土结构加固设计规范》GB 50367—2006 第 9.4.4 条的规定采用；

ρ_f——环向围束体积比，按《混凝土结构加固设计规范》GB 50367—2006 第 9.4.4 条的规定计算；

E_f——纤维复合材的弹性模量；

ε_{fe}——纤维复合材的有效拉应变设计值；对重要构件取 $\varepsilon_{fe} = 0.0035$；对一般构件取 $\varepsilon_{fe} = 0.0045$。

（4）环向转束的计算参数 k_c 和 ρ_f，应按下列规定确定：

1）有效约束系数 k_c 值的确定。

对圆形截面柱：$k_c = 0.95$；

对正方形和矩形截面柱，应按下列公式计算（图 4-10）：

$$k_c = 1 - \frac{(b-2r)^2 + (h-2r)^2}{3A_{cor}(1-\rho_s)}$$

式中　ρ_s——柱中纵向钢筋的配筋率。

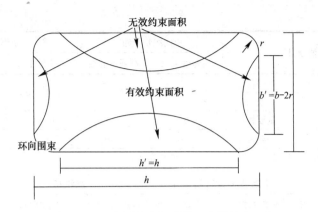

图 4-10　环向围束内矩形截面有效约束面积

2）环向围束体积比 ρ_f 值的确定。

对圆形截面柱：

$$\rho_f = 4n_f t_f / D$$

对正方形和矩形截面柱：

$$\rho_f = 2n_f t_f (b + h) / A_{cor}$$

式中　n_f 和 t_f——纤维复合材的层数及每层厚度。

4.4.2　受压构件斜截面加固计算

采用环形箍加固的柱，其斜截面受剪承载力应符合下列规定：

$$V \leqslant V_{c0} + V_{cf} \tag{4-2}$$
$$V_{cf} = \varphi_{vc} f_f A_f h / s_f$$
$$A_f = 2n_f b_f t_f$$

式中　　V——构件加固后剪力设计值；

V_{c0}——加固前原构件斜截面受剪承载力，按现行国家标准《混凝土结构设计规范》GB 50010—2010 的规定计算；

V_{cf}——粘贴纤维复合材加固后，对柱斜截面承载力的提高值；

φ_{vc}——与纤维复合材受力条件有关的抗剪强度折算系数，按表 4-3 的规定值采用；

f_f——受剪加固采用的纤维复合材抗拉强度设计值，按表 4-1 和表 4-2 规定的抗拉强度设计值乘以调整系数 0.5 确定；

A_f——配置在同一截面处纤维复合材环形箍的全截面面积；

n_f、b_f 和 t_f——纤维复合材环形箍的层数、宽度和每层厚度；

s_f——环形箍的中心间距。

碳纤维复合材设计计算指标　　　　　　　　　　　　　　表 4-1

性能项目		单向织物（布）		条形板	
		高强度Ⅰ级	高强度Ⅱ级	高强度Ⅰ级	高强度Ⅱ级
抗拉强度设计值 f_f（MPa）	重要构件	1600	1400	1150	1000
	一般构件	2300	2000	1600	1400

性能项目		单向织物（布）		条形板	
		高强度Ⅰ级	高强度Ⅱ级	高强度Ⅰ级	高强度Ⅱ级
弹性模量设计值 E_f（MPa）	重要构件	2.3×10^5	2.0×10^5	1.6×10^5	1.4×10^5
	一般构件				
拉应变设计值 ε_f	重要构件	0.007	0.007	0.007	0.007
	一般构件	0.01	0.01	0.01	0.01

注：L形板按高强度Ⅱ级条形板的设计计算指标采用。

玻璃纤维复合材（单向织物）设计计算指标　　　　表 4-2

项目 类别	抗拉强度设计值 f_f（MPa）		弹性模量 E_f（MPa）		拉应变设计值 ε_f（MPa）	
	重要结构	一般结构	重要结构	一般结构	重要结构	一般结构
S 玻璃纤维	500	700	7.0×10^4		0.007	0.01
E 玻璃纤维	350	500	5.0×10^4		0.007	0.01

φ_{vc} 值　　　　表 4-3

轴压比		≤0.1	0.3	0.5	0.7	0.9
受力条件	均布荷载或 $\lambda_r\geq3$	0.95	0.84	0.72	0.62	0.51
	$\lambda_r\leq1$	0.9	0.72	0.54	0.34	0.16

注：λ_r 为柱的剪跨比。对框架柱 $\lambda_r=H_0/2h_0$，H_0 为柱的净高，h_0 为柱截面有效高度；中间值按线性内插法确定。

4.4.3 大偏心受压构件加固计算

矩形截面大偏心受压柱的加固，其正截面承载力应符合下列规定：

$$N \leqslant \alpha_1 f_{c0} bx + f'_{y0} A'_{s0} - f_{y0} A_{s0} - f_f A_f \tag{4-3}$$

$$Ne \leqslant \alpha_1 f_{c0} bx\left(h_0 - \frac{x}{2}\right) + f'_{y0} A'_{s0}(h_0 - a') + f_f A_f(h - h_0) \tag{4-4}$$

$$e = \eta e_i + \frac{h}{2} - a \tag{4-5}$$

$$e_i = e_0 + e_a$$

式中　e——轴向压作用点到纵向受拉钢筋 A_s 合力点的距离；

　　　η——偏心受压构件考虑二阶弯矩影响的轴向压力偏心距增大系数，除应按现行国家标准《混凝土结构设计规范》GB 50010—2010 的规定计算外，尚应乘以《混凝土结构设计规范》GB 50367—2006 第 5.4.3 条规定的修正系数 φ_η；

　　　e_i——初始偏心距；

　　　e_0——轴向压力对截面重心的偏心距，$e_0 = M/N$；

　　　e_a——附加偏心距，按偏心方向截面最大尺寸 h 确定；当 $h \leqslant 600\mathrm{mm}$ 时，$e_a = 20\mathrm{mm}$；当 $h > 600\mathrm{mm}$ 时，$e_a = h/30$；

　　a、a'——纵向受拉钢筋合力点、纵向受压钢筋合力点至截面近边的距离；

　　　f_f——纤维复合材抗拉强度设计值，应根据其品种，分别表 4-1 和表 4-2 采用。

4.4.4 受拉构件正截面加固计算

当采用外贴纤维复合材加固钢筋混凝土受拉构件（如水塔、水池等环形或其他封闭形结构）时，应按原构件纵向受拉钢筋的配置方式，将纤维织物粘贴于相应位置的混凝土表面上，且纤维方向应与构件受拉方向一致，并处理好围拢部位的搭接和锚固（图 4-11）。

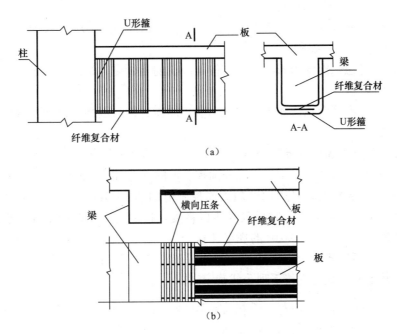

图 4-11　梁、板粘贴纤维复合材端部锚固措施
(a) U 形箍（未画压条）；(b) 横向压条

由于非预应力的纤维复合材在受拉杆件（如桁架弦杆、受拉腹杆等）端部锚固的可靠性很差，因此一般仅用于环形结构的方形封闭结构的加固，而且仍然要处理好围拢部位的搭接与锚固问题。由此可见，其适用范围是很有限的，应事先做好可行性论证。

（1）轴心受拉构件的加固，其正截面承载力应按下式确定：

$$N \leqslant f_{y0} A_{s0} + f_f A_f \tag{4-6}$$

式中　N——轴向拉力设计值；

　　　f_f——纤维复合材抗拉强度设计值，应根据其品种，分别按表 4-1 和表 4-2 采用。

（2）矩形截面大偏心受拉构件的加固，其正截面承载力应符合下列规定：

$$N \leqslant f_{y0} A_{s0} + f_f A_f - \alpha_1 f_{c0} bx - f'_{y0} A'_{s0} \tag{4-7}$$

$$Ne \leqslant \alpha_1 f_{c0} bx \left(h_0 - \frac{x}{2} \right) + f'_{y0} A'_{s0} (h_0 - a'_s) + f_f A_f (h - h_0) \tag{4-8}$$

式中　N——轴向力拉力设计值；

f_f——纤维复合材抗拉强度设计值，应根据其品种，分别按表 4-1 和表 4-2 采用。

4.4.5　受弯构件正截面加固计算

（1）采用纤维复合材对梁、板等受弯构件进行加固时，除应遵守现行国家标准《混凝土结构设计规范》GB 50010—2010 正截面承载力计算的基本假定外，尚应遵守下列规定：

1）纤维复合材的应力与应变关系取直线式，其拉应力 σ_f 取等于拉应变 ε'_f 与弹性模量 E_f 的乘积；

2）当考虑二次受力影响时，应按加固前的初始受力情况，确定纤维复合材的滞后应变；

3）在达到受弯承载能力极限状态前，加固材料与混凝土之间不致出现粘结剥离破坏。

（2）受弯加固后的界限受压区高度 ξ_{fb} 应按下列规定确定：

1）对重要构件，采用构件加固前控制值的 0.75 倍，即 $\xi_{fb}=0.75\xi_b$；

2）对一般构件，采用构件加固前控制值的 0.85 倍，即 $\xi_{fb}=0.85\xi_b$；式中，ξ_b 为构件加固前的相对界限受压区高度，按现行国家标准《混凝土结构设计规范》GB 50010—2010 的规定计算。

（3）在矩形截面受弯构件的受拉边混凝土表面上粘贴纤维复合材进行加固时，其下面承载力应按下列公式确定（图 4-12）：

$$M \leqslant \alpha_1 f_{c0} bx\left(h - \frac{x}{2}\right) + f'_{y0} A'_{S0}(h - a') - f_{y0} A_{y0}(h - h_0) \qquad (4\text{-}9)$$

$$\alpha_1 f_{c0} bx = f_{y0} A_{S0} + \varphi_f f_f A_{fe} - f'_{y0} A'_{S0} \qquad (4\text{-}10)$$

$$\varphi_f = \frac{\dfrac{0.8\varepsilon_{cu}h}{x} - \varepsilon_{cu} - \varepsilon_{f0}}{\varepsilon_f}$$

$$x \geqslant 2a'$$

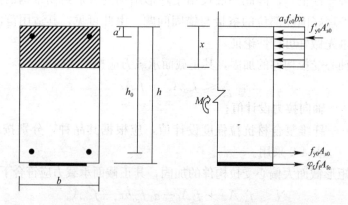

图 4-12　矩形截面构件正截面受弯承载力计算

式中　M——构件加固后弯矩设计值；

x——等效矩形应力图形的混凝土受压区高度，简称混凝土受压区高度；

b、h——矩形截面宽度和高度；

f_{y0}、f'_{y0}——原截面受拉钢筋和受压钢筋的抗拉、抗压强度设计值；

A_{S0}、A'_{s0}——原截面受拉钢筋和受压钢筋的截面面积；

a'——纵向受压钢筋合力点至截面近边的距离；

h_0——构件加固前的截面有效高度；

f_f——纤维复合材的抗拉强度设计值，应根据纤维复合材的品种，分别按表 4-1 及表 4-2 采用；

A_{fe}——纤维复合材的有效截面面积；

φ_f——考虑纤维复合材实际抗拉应变达不到设计值而引入的强度利用系数，当 $\varphi_f > 1.0$ 时，取 $\varphi_f = 1.0$；

ε_{cu}——混凝土极限压应变，取 $\varepsilon_{cu} = 0.0033$；

ε_f——纤维复合材拉应变设计值，应根据纤维复合材的品种，分别按表 4-1 和表 4-2 采用；

ε_{f0}——考虑二次受力影响时，纤维复合材的滞后应变，应按《混凝土结构加固设计规范》GB 50367—2006 第 9.2.8 条的规定计算，若不考虑二次受力影响取 $\varepsilon_{f0} = 0$。

（4）实际粘贴的纤维复合材截面面积 A_f，应按下列公式计算：

$$A_f = A_{fe}/k_m \qquad (4-11)$$

纤维复合材厚度折减系数 k_m，应按下列规定确定：

1）当采用预成形板时，$k_m = 1.0$；

2）当采用多层粘贴的纤维强物时，k_m 值按下式计算：

$$k_m = 1.16 - \frac{n_f E_f t_f}{308000} \leqslant 0.90$$

式中 E_f——纤维复合材弹性模量设计值（MPa），应根据纤维复合植物材的品种，分别按表 4-1 和表 4-2 采用；

n_f、t_f——纤维复合材（单向强物）层数和单层厚度。

（5）对受弯构件正弯矩区的正截面加固，其粘贴纤维复合材的截断位置应从其充分利用的截面算起，取不小于按下式确定的粘贴延伸长度（图 4-13）：

$$l_c = \frac{\varphi_f f_f A_f}{f_{f,v} b_f} + 200 \qquad (4-12)$$

式中 l_c——纤维复合材料粘贴延伸长度（mm）；

b_f——对梁为受拉面粘贴的纤维复合材的总宽度（mm），对板为 1000mm 板宽范围内粘贴的纤维复合材总宽度；

f_f——纤维复合材抗拉强度设计值，分别按表 4-1 和表 4-2 采用；

$f_{f,v}$——纤维与混凝土之间的强度设计值（MPa），取 $f_{f,v} = 0.40 f_t$；f_t 为混凝土抗拉强度设计值，按现行国家标准《混凝土结构设计规范》GB 50010—2010 的规定值采用，当 $f_{f,v}$ 计算值低于 0.40MPa

时，取 $f_{f,v}=0.40\text{MPa}$；当 $f_{f,v}$ 计算值高于 0.70MPa 时，取 $f_{f,v}=0.7\text{MPa}$；

φ_l——修正系数，对重要构件，取 $\varphi_l=1.45$，对一般构件取 $\varphi_l=1.0$。

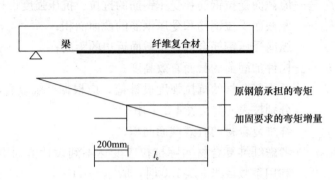

图 4-13　纤维复合材的粘贴延伸长度

（6）当考虑二次受力影响时，纤维复合材的滞后应变 ε_{f0} 应按下式计算：

$$\varepsilon_{f0} = \frac{\alpha_f M_{0k}}{E_s A_s h_0} \tag{4-13}$$

式中　M_{0k}——加固前受弯构件验算截面上原作用的弯矩标准值；

　　　α_f——综合考虑受弯构件裂缝截面内力臂变化、钢筋拉应变不均匀以及钢筋排列影响等的计算系数，应按表 4-4 采用。

计算系数 α_f 值					表 4-4	
ρ_{te}	$\leqslant 0.007$	0.010	0.020	0.030	0.040	$\geqslant 0.060$
单排钢筋	0.70	0.90	1.15	1.20	1.25	1.30
双排钢筋	0.75	1.00	1.25	1.30	1.35	1.40

注：表中 ρ_{te} 为混凝土有效受拉截面的纵向受拉钢筋配筋率，即 $\rho_{te}=A_n/A_{te}$，A_{te} 为有效受拉混凝土截面面积，按现行国家标准《混凝土结构设计规范》GB 50010—2010 的规定计算；当原构件钢筋应力 $\sigma_{s0}\leqslant 150\text{MPa}$，且 $\rho_{te}\leqslant 0.05$ 时，表中的数值，可乘以调整系数 0.9。

（7）当纤维复合材全部粘贴在梁底面（受拉面）有困难时，允许将部分纤维复合材对称地粘贴在梁的两侧面。此时，侧面粘贴区域应控制在距受拉区边缘 1/4 梁高范围内，且应按下式计算确定梁的两侧面实际粘贴的纤维复合材截面面积 $A_{f,l}$：

$$A_{f,l} = \eta_f A_{f,b} \tag{4-14}$$

式中　$A_{f,b}$——按梁底面计算确定的，但需改贴到梁的两侧面的纤维复合材截面面积；

　　　η_f——考虑贴梁侧面引起的纤维复合材受拉合力及其力臂改变的修正系数，就按表 4-5 采用。

修正系数 η_f 值					表 4-5
h_f/h	0.05	0.10	0.15	0.20	0.25
η_f	1.09	1.19	1.3	1.43	1.59

注：表中 h_f 为从梁受拉边缘算起的侧面粘贴高度，h 为梁截面高度。

4.4.6 受弯构件斜截面加固计算

实际工程中对斜截面加固的纤维粘贴方式作了统一的规定，并且在构造上，只允许采用环形箍、加锚封闭箍、胶锚U形箍和加织物压条的一般U形箍，不允许仅在侧面粘贴条带受剪，因为试验表明，这种粘贴方式受力不可靠。

（1）受弯构件加固后的斜截面应符合下列条件：

当 $h_w/b \leqslant 4$ 时　　　$V \leqslant 0.25\beta_c f_{c0}bh_0$

当 $h_w/b \geqslant 6$ 时　　　$V \leqslant 0.20\beta_c f_{c0}bh_0$

当 $4 < h_w/b < 6$ 时，按线性内插法确定。

式中　V——构件斜截面加固后的剪力设计值；

　　　β_c——混凝土强度影响系数，按现行国家标准《混凝土结构设计规范》GB 50010—2010 的规定值采用；

　　　f_{c0}——原构件混凝土轴心抗压强度设计值；

　　　b——矩形截面的宽度、T形或I形截面的腹板宽度；

　　　h_0——截面有效高度；

　　　h_w——截面的人造棉高度；对矩形截面，有效高度；对T形截面，取有效高度减去翼缘高度；对I形截面，取腹板净高。

（2）当采用条带构成的环形（封闭）箍或U形箍对钢筋混凝土梁进行抗剪加固时，其斜截面承载力应符合下列规定：

$$V \leqslant V_{b0} + V_{bf} \tag{4-15}$$

$$V_{bf} = \Psi_{vb} f_f A_f h_f / s_f$$

式中　V_{b0}——加固前梁的斜截面承载力，按现行国家标准《混凝土结构设计规范》GB 50010—2010 计算；

　　　V_{bf}——粘贴条带加固后，对梁斜截面承载力的提高值；

　　　Ψ_{vb}——与条带回锚方式及受力条件有关的抗剪强度折减系数，按表4-6取值；

　　　f_f——受剪加固采用的纤维复合材抗拉强度设计值，按表4-1和表4-2规定的抗拉强度设计值乘以调整系数 0.56 确定；当为框架梁或悬挑构件时，调整系数改取 0.28；

　　　A_f——配置在同一截面处构成环形或U形箍的纤维复合材条带的全部截面面积；$A_f = 2n_f b_f t_f$，此处：n_f 为条带粘贴的层数，b_f 和 t_f 分别为版权法带宽度和条带单层厚度；

　　　h_f——梁侧面粘贴的条带紧身高度，对环形箍，$h_f = h$；

　　　s_f——纤维复合材条带的间距。

<table>
<tr><td colspan="2" rowspan="2">条带加锚方式</td><td rowspan="2">环形箍及加锚封闭箍</td><td rowspan="2">胶锚或钢板锚U形箍</td><td rowspan="2">加织物压条的一般U形箍</td></tr>
<tr></tr>
<tr><td rowspan="2">受力条件</td><td>均布荷载或
剪跨比 λ≥3</td><td>1.00</td><td>0.92</td><td>0.85</td></tr>
<tr><td>λ≤1.5</td><td>0.68</td><td>0.63</td><td>0.58</td></tr>
</table>

抗剪强度折减系数 Ψ_{vb} 值　　　　　　　　　　　　　表 4-6

注：当λ为中间值时，按线性内插法确定 Ψ_{vb} 值。

4.4.7 提高柱的延性的加固计算

当采用环向围束作为附加箍筋时，应按下列公式计算柱箍筋加密区加固后的箍筋体积配筋率 ρ_v，且应满足现行国家标准《混凝土结构设计规范》GB 50010—2010 的规定。

$$\rho_v = \rho_{v,e} + \rho_{v,f} \tag{4-16}$$

$$\rho_{v,f} = k_c \rho_f \frac{b_f f_f}{s_f f_{yv0}}$$

式中　$\rho_{v,e}$——被加固柱原有箍筋的体积配筋率，当需重新复核时，应按箍筋范围内的核心面进行计算；

　　　$\rho_{v,f}$——环向围束作为附加箍筋算得的箍筋体积配筋率的增量；

　　　ρ_f——环向围束体积比，按《混凝土结构加固设计规范》GB 50367—2006 第 9.4.4 条规定计算；

　　　k_c——环向围束的有效约束系数；圆形截面，$k_c = 0.90$；正方形截面，$k_c = 0.66$；矩形截面，$k_c = 0.42$。

　　　b_f——环向围束纤维条带的宽度；

　　　s_f——环向围束纤维条带的中心间距；

　　　f_f——环向围束纤维复合材的抗拉强度设计值班，应根据其品种，分别按表 4-1 和表 4-2 采用；

　　　f_{yv0}——原箍筋抗拉强度设计值。

4.4.8 构造设计

（1）对钢筋混凝土受弯构件正弯矩区进行正截面加固时，其受拉面沿轴向粘贴的纤维复合材应延伸至支座边缘，且应在纤维复合材的端部（包括截断处）及集中荷载作用点的两侧，设置纤维复合材的 U 形箍（对梁）或横向压条（对板）。

（2）当纤维复合材延伸至支座边缘仍不满足《混凝土结构加固设计规范》GB 50367—2006 第 9.2.5 条延伸长度的要求时，应采取下列锚固措施：

1）对梁，应在延伸长度范围内均匀设置 U 形箍锚固，并应在延伸长度端部设置一道 U 形箍的粘贴高度应为梁的截面高度，若梁有翼缘或有现浇楼板，应伸至其底面。U 形箍的宽度，对端箍不应小于加固纤维复合材宽度的 2/3，且不应小于 200mm；对中间箍不应小于加固纤维复合材宽度的 1/2，且不应小于 100mm。U 形箍的厚度不应小于受弯加固纤维复合材厚度的 1/2。

2）对板，应在延伸长度范围内通长设置垂直于受力纤维方向的压条。压条应在延伸长度范围内均匀布置。压条的宽度不应小于受弯加固纤维复合材条带宽度的 3/5，压条的厚度不应小于受弯加固纤维复合材厚度的 1/2。

（3）当采用纤维复合材对逐级弯构件负弯矩区进行正截面承载力加固时，应采取下列构造措施：

1）支座处无障碍时，纤维复合材应在负弯矩包络图范围内连续粘贴；其延伸长度的截断点应位于正弯矩区，且距正弯矩转换点不应小于1m。

2）支座处虽有障碍，但梁上有现浇板，且允许绕过柱位时，宜在梁侧4倍板厚（h_b）范围内，将纤维复合材（h_b）范围内，将纤维复合材粘贴于板面上（图4-14）。

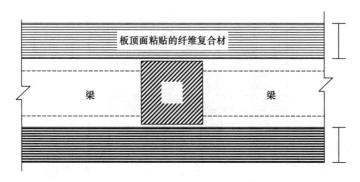

图4-14　绕过柱位粘贴纤维复合材

3）在框架顶层梁柱的端节点处，纤维复合材只能贴至柱边缘而无法延伸时，应加贴L形钢板及U形钢箍板进行锚固（图4-15），L形钢板的总截面面积应按下式进行计算：

$$A_{a,L} = 1.2\varphi_f f_f A_f / f_y \qquad (4-17)$$

式中　$A_{a,L}$——支座处需粘贴的L形钢板截面面积；

φ_f——纤维复合材的强度利用系数，按《混凝土结构加固设计规范》GB 50367—2006 第9.2.3条采用；

f_f——纤维复合材抗拉强度设计值，分别按表4-1、表4-2采用；

A_f——支座处实际粘贴的纤维复合材截面面积；

f_y——L形钢板抗拉强度设计值。

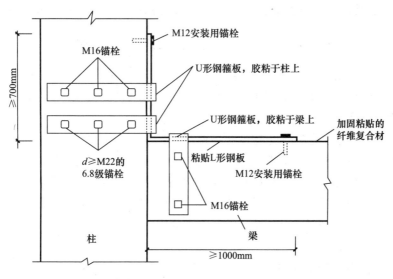

图4-15　柱中部加贴L形钢板及U形钢箍板的锚固构造示例

4.4　粘贴纤维增强复合材加固设计方法

L 形钢板总宽度不宜小于 90％的梁宽，且宜由多条钢板组成，钢板厚度不宜小于 3mm。

（4）当梁上无现浇板，或负弯矩区的支座处需采取加强的锚固措施时，可采取图 4-16 的构造方式。

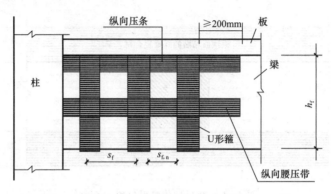

图 4-16　纵向腰压带

若梁上有现浇板，也可采取这种构造方式进行锚固，其 U 形钢箍板穿过楼板处，应采用半重叠钻孔法，在板上钻出扁形孔以插入箍板，再用结构胶予以封固。

（5）当加固的受弯构件为板、壳、墙和筒体时，纤维复合材应选择多条密布的方式进行粘贴，不得使用未经裁剪成条的整幅织物满贴。

（6）当受弯构件粘贴的多层纤维织物允许截断时，相邻两层纤维织物宜按内短外长的原则分层截断；外层纤维织物的截断点宜越过内层截断点 200mm 以上，并应在截断点加设 U 形箍。

（7）当采用纤维复合材对钢筋混凝土梁或柱的斜截面承载力进行加固时，其构造应符合下列规定：

1）宜选用环形箍或加锚的 U 形箍；仅按构造需要设箍时，也可采用一般 U 形箍。

2）U 开箍的纤维受力方向应与构件轴向垂直。

3）当环形箍或 U 形箍采用纤维复合材带时，其净间距 s_{fn}（图 4-16）不应大于现行国家标准《混凝土结构设计规范》GB 50010—2010 规定的最大箍筋间距的 0.7 倍，且不应大于梁高的 0.25 倍。

4）U 形箍的粘贴高度应符合《混凝土结构加固设计规范》GB 50367—2006 第 9.9.2 条的要求；U 形箍的上端应粘贴纵向压条予以锚固。

5）当梁的高度 $h \geqslant 600$mm 时，应在梁的腰部增设一道纵向腰压带（图 4-16）。

（8）当采用纤维复合材的环向围束对钢筋混凝土柱进行正截面加固或提高延性的抗震加固时，其构造应符合下列规定：

1）环向围束的纤维织物层数，对圆形截面柱不应少天 2 层，对正方形和矩形截面柱不应少于 3 层。

2）环向围束上下层间的搭接宽度不应小于 50mm，纤维织物环向截断点的延伸长度不应小于200mm，且各条带搭接位置应相互错开。

（9）梁沿柱轴向粘贴纤维复合材对大偏心受压柱进行正截面承载力加固时，除应按受弯构件正截面和斜截面加固构造的原则粘贴纤维复合材，尚应在柱的两端增设机械锚固措施。

（10）当采用环形箍、U形箍或环向围束加固正方形和矩形截面构件时，其截面棱角应在粘贴前通过打磨加以圆化；梁的圆化半径 r，对碳纤维不应小于20mm，对玻璃纤维不应小于15mm；柱的圆化半径，对碳纤维不应小于25mm，对玻璃纤维不应小20mm。

根据粘贴纤维复合材的受力特性，在使用该方法加固混凝土结构构件时，还应注意以下几点：

（1）该加固方法不推荐用于小偏心受压构件的加固。由于纤维复合材仅适合于承受拉应力作用，而且小偏心受压构件的纵向受拉钢筋达不到屈服强度，采用粘贴纤维将造成材料的极大浪费。

（2）该加固方法不适用于素混凝土构件（包括配筋率不符合现行国家标准《混凝土结构设计规范》GB 50010—2010 最小配筋率构造要求的构件）的加固。据此，请注意：对于梁板结构，若曾经在构件截面的受压区采用增大截面法加大了其混凝土厚度，而今又拟在受拉区采用粘贴纤维的方法进行加固时，应首先检查其最小配筋率能否满足现行国家《混凝土结构设计规范》GB 50010—2010 的要求。

（3）在实际工程中，经常会遇到原结构的混凝土强度低于现行设计规范规定的最低强度等级的情况。如果原结构混凝土强度过低，它与纤维增强复合材的粘结强度也必然很低，易发生呈脆性的剥离破坏。此时，纤维复合材不能充分发挥作用，所以使用该加固方法时，被加固的混凝土结构构件，其现场实测混凝土强度等级不得低于C15，且混凝土表面的正拉粘结强度不得低于1.5MPa。

（4）纤维复合材料不能设计为承受压力，而只能考虑抗拉作用，所以应将纤维受力方式设计成仅随拉应力作用。

（5）粘贴在混凝土构件表面上的纤维复合材，不得直接暴露于阳光或有害介质中，其表面应进行防护处理。表面防护材料应对纤维及胶粘剂无害，且应与胶粘剂有可靠的粘结强度及相互协调的变形性能。

（6）根据常温条件下普通型结构胶粘剂的性能，采用该方法加固的结构，其长期使用的环境温度不应高于60℃；处于特殊环境（如高温、高湿、介质侵蚀、放射等）的混凝土结构采用本方法加固时，除应按国家现行有关标准的规定采取相应的防护措施外，尚应采用不同环境因素作用的胶粘剂，并按专门的工艺要求进行粘贴。

（7）粘贴纤维复合材的胶粘剂一般是可燃的，故应按照现行国家标准《建筑设计防火规范》GB 50016 规定的耐火等级和耐火极限要求，对纤维复合材进行防护。

（8）采用纤维复合材加固时，应采取措施尽可能地卸载。其目的是减少二次受力的影响，亦即降低纤维复合材的滞后应变，使得加固后的结构能充分利用纤维材料的强度。

小结及学习指导

1. 本章以主要的混凝土结构修复、加固方法为框架，介绍了各种修复、加固方法所需的特色材料及性能、施工方法与技术要点等内容。混凝土加固维修技术是近年来兴起的一门新技术，需要主动学习、掌握多学科综合知识和理论体系。学习中应多思考如何把维修加固中发现的问题，放到今后结构设计上进行考虑，并提出更合理的维修管理方法与策略。

2. 混凝土结构加固工程一般应遵循以下工作程序：结构可靠性鉴定-加固方案确定-加固设计-施工组织设计-加固施工-验收。需要注意的是，在制定结构加固方案和组织实施结构加固施工的同时，更要重视对加固后结构的检测和观察，以确定加固的效果，积累加固经验。

3. 常用加固技术包括增大截面和配筋加固技术、体外预应力加固技术、FRP复合材料加固技术等。需要着重学习各加固技术的优缺点，并掌握如何根据实际情况选择合适的加固技术。本章着重介绍了纤维增强材料复合材（FRP）加固技术及设计方法，并提供设计工程算例，力求通过算例的分析计算使加固设计具体化、形象化。本章的加固设计方法基于《混凝土结构加固设计规范》GB 50367—2006，建议在学习本章的同时，也阅读学习《混凝土结构加固设计规范》及相关的书籍和文献，并结合工程实例加以理解。

思考题

4-1 请举出身边发生的或者媒体中得知的建筑物劣化、补修、加固等相关的事例。

4-2 什么是混凝土结构的全寿命管理及全寿命费用？

4-3 混凝土结构劣化的主要原因有哪些？如何根据混凝土结构外观初步判断劣化原因？

4-4 混凝土裂缝修复的主要方法及材料各有何优缺点？

4-5 混凝土结构加固的主要方法及材料各有何优缺点？

4-6 什么是应力滞后问题？在加固设计中如何考虑该问题的影响？

4-7 修复、加固后新老界面的剥离的主要原因有哪些？如何避免剥离发生？

附 录

附录 A　双向板计算系数表

符号说明：

B_c——板的抗弯刚度，$B_c = \dfrac{Eh^3}{12(1-\mu^2)}$；

E——混凝土弹性模量；

h——板厚；

μ——混凝土泊松比；

f, f_{max}——分别为板中心点的挠度和最大挠度；

m_x, $m_{x,max}$——分别为平行于 l_{0x} 方向板中心点单位板宽内的弯矩和板跨内最大弯矩；

m_y, $m_{y,max}$——分别为平行于 l_{0y} 方向板中心点单位板宽内的弯矩和板跨内最大弯矩；

m_x'——固定边中点沿 l_{0x} 方向单位板宽内的弯矩；

m_y'——固定边中点沿 l_{0y} 方向单位板宽内的弯矩；

----代表简支边度；⊔⊔⊔代表固定边。

正负号的规定：

弯矩——使板的受荷面受压者为正；

挠度——变形与荷载方向相同者为正。

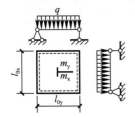

挠度＝表中系数$\times \dfrac{q l_0^4}{B_c}$；

$\mu = 0$，弯矩＝表中系数$\times q l_0^2$；

式中 l_0 取用 l_{0x} 和 l_{0y} 中之较小者。

附表 A-1

l_{0x}/l_{0y}	f	m_x	m_y	l_{0x}/l_{0y}	f	m_x	m_y
0.50	0.01013	0.0965	0.0174	0.80	0.00603	0.0561	0.0334
0.55	0.00940	0.0892	0.0210	0.85	0.00547	0.0506	0.0348
0.60	0.00867	0.0820	0.0242	0.90	0.00496	0.0456	0.0353
0.65	0.00796	0.0750	0.0271	0.95	0.00449	0.0410	0.0364
0.70	0.00727	0.0683	0.0296	1.00	0.00406	0.0368	0.0368
0.75	0.00663	0.0620	0.0317				

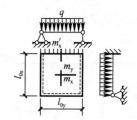

挠度＝表中系数$\times\dfrac{ql_0^4}{B_c}$；

$\mu=0$，弯矩＝表中系数$\times ql_0^2$；

式中 l_0 取用 l_{0x} 和 l_{0y} 中之较小者。

附表 A-2

l_{0x}/l_{0y}	l_{0y}/l_{0x}	f	f_{max}	m_x	$m_{x,max}$	m_y	$m_{y,max}$	m_x'
0.50		0.00488	0.00504	0.0588	0.0646	0.0060	0.0063	−0.1212
0.55		0.00471	0.00492	0.0563	0.0618	0.0081	0.0087	−0.1187
0.60		0.00453	0.00472	0.0539	0.0589	0.0104	0.0111	−0.1158
0.65		0.00432	0.00448	0.0513	0.0559	0.0126	0.0133	−0.1124
0.70		0.00410	0.00422	0.0485	0.0529	0.0148	0.0154	−0.1087
0.75		0.00388	0.00399	0.0457	0.0496	0.0168	0.0174	−0.1048
0.80		0.00365	0.00376	0.0428	0.0463	0.0187	0.0193	−0.1007
0.85		0.00343	0.00352	0.0400	0.0431	0.0204	0.0211	−0.0965
0.90		0.00321	0.00329	0.0372	0.0400	0.0219	0.0226	−0.0922
0.95		0.00299	0.00306	0.0345	0.0369	0.0232	0.0239	−0.0880
1.00	1.00	0.00279	0.00285	0.0319	0.0340	0.0243	0.0249	−0.0839
	0.95	0.00316	0.00324	0.0324	0.0345	0.0280	0.0287	−0.0882
	0.90	0.00360	0.00368	0.0328	0.0347	0.0322	0.0330	−0.0926
	0.85	0.00409	0.00417	0.0329	0.0347	0.0370	0.0378	−0.0970
	0.80	0.00464	0.00473	0.0326	0.0343	0.0424	0.0433	−0.1014
	0.75	0.00526	0.00536	0.0319	0.0335	0.0485	0.0494	−0.1056
	0.70	0.00595	0.00605	0.0308	0.0323	0.0553	0.0562	−0.1096
	0.65	0.00670	0.00680	0.0291	0.0306	0.0627	0.0637	−0.1133
	0.60	0.00752	0.00762	0.0268	0.0289	0.0707	0.0717	−0.1166
	0.55	0.00838	0.00848	0.0239	0.0271	0.0792	0.0801	−0.1193
	0.50	0.00927	0.00935	0.0205	0.0249	0.0880	0.8880	−0.1215

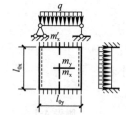

挠度＝表中系数$\times\dfrac{ql_0^4}{B_c}$；

$\mu=0$，弯矩＝表中系数$\times ql_0^2$；

式中 l_0 取用 l_{0x} 和 l_{0y} 中之较小者。

附表 A-3

l_{0x}/l_{0y}	l_{0y}/l_{0x}	f	m_x	m_y	m_x'
0.50		0.00261	0.0416	0.0017	−0.0843
0.55		0.00259	0.0410	0.0028	−0.0840
0.60		0.00255	0.0402	0.0042	−0.0843
0.65		0.00250	0.0392	0.0057	−0.0826
0.70		0.00243	0.0379	0.0072	−0.0814

l_{0x}/l_{0y}	l_{0y}/l_{0x}	f	m_x	m_y	m'_x
0.75		0.00236	0.0366	0.0088	−0.0799
0.80		0.00228	0.0351	0.0103	−0.0782
0.85		0.00220	0.0335	0.0118	−0.0763
0.90		0.00211	0.0319	0.0133	−0.0743
0.95		0.00201	0.0302	0.0146	−0.0721
1.00	1.00	0.00192	0.0285	0.0158	−0.0698
	0.95	0.00223	0.0296	0.0189	−0.0746
	0.90	0.00260	0.0306	0.0224	−0.0797
	0.85	0.00303	0.0314	0.0266	−0.0850
	0.80	0.00354	0.0319	0.0316	−0.0904
	0.75	0.00413	0.0321	0.0374	−0.0959
	0.70	0.00482	0.0318	0.0441	−0.1013
	0.65	0.00560	0.0308	0.0518	−0.1066
	0.60	0.00647	0.0292	0.0604	−0.1114
	0.55	0.00743	0.0267	0.0698	−0.1156
	0.50	0.00844	0.0234	0.0798	−0.1191

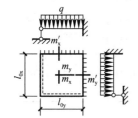

挠度＝表中系数×$\dfrac{ql_0^4}{B_c}$；

$\mu=0$，弯矩＝表中系数×ql_0^2；

式中 l_0 取用 l_{0x} 和 l_{0y} 中之较小者。

附表 A-4

l_{0x}/l_{0y}	f	f_{max}	m_x	$m_{x,max}$	m_y	$m_{y,max}$	m'_x	m'_y
0.50	0.00468	0.00471	0.0559	0.0562	0.0079	0.0135	−0.1179	−0.0786
0.55	0.00445	0.00454	0.0529	0.0530	0.0104	0.0153	−0.1140	−0.0785
0.60	0.00419	0.00429	0.0496	0.0498	0.0129	0.0169	−0.1095	−0.0782
0.65	0.00391	0.00399	0.0461	0.0465	0.0151	0.0183	−0.1045	−0.0777
0.70	0.00363	0.00368	0.0426	0.0432	0.0172	0.0195	−0.0992	−0.0770
0.75	0.00335	0.00340	0.0390	0.0396	0.0189	0.0206	−0.0938	−0.0760
0.80	0.00308	0.00313	0.0356	0.0361	0.0204	0.0218	−0.0883	−0.0748
0.85	0.00281	0.00286	0.0322	0.0328	0.0215	0.0229	−0.0829	−0.0733
0.90	0.00256	0.00261	0.0291	0.0297	0.0224	0.0238	−0.0776	−0.0716
0.95	0.00232	0.00237	0.0261	0.0267	0.0230	0.0244	−0.0726	−0.0698
1.00	0.00210	0.00215	0.0234	0.0240	0.0234	0.0249	−0.0667	−0.0677

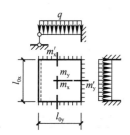

挠度＝表中系数×$\dfrac{ql_0^4}{B_c}$；

$\mu=0$，弯矩＝表中系数×ql_0^2；

式中 l_0 取用 l_{0x} 和 l_{0y} 中之较小者。

143

附表 A-5

l_{0x}/l_{0y}	l_{0y}/l_{0x}	f	f_{max}	m_x	$m_{x,max}$	m_y	$m_{y,max}$	m_x'	m_y'
0.50		0.00257	0.00258	0.0408	0.0409	0.0028	0.0089	−0.0836	−0.0569
0.55		0.00252	0.00255	0.0398	0.0399	0.0042	0.0093	−0.0827	−0.0570
0.60		0.00245	0.00249	0.0384	0.0386	0.0059	0.0105	−0.0814	−0.0571
0.65		0.00237	0.00240	0.0368	0.0371	0.0076	0.0116	−0.0796	−0.0572
0.70		0.00227	0.00229	0.0350	0.0354	0.0093	0.0127	−0.0774	−0.0572
0.75		0.00216	0.00219	0.0331	0.0335	0.0109	0.0137	−0.0750	−0.0572
0.80		0.00205	0.00208	0.0310	0.0314	0.0124	0.0147	−0.0722	−0.0570
0.85		0.00193	0.00196	0.0289	0.0293	0.0138	0.0155	−0.0693	−0.0567
0.90		0.00181	0.00184	0.0268	0.0273	0.0159	0.0163	−0.0663	−0.0563
0.95		0.00169	0.00172	0.0247	0.0252	0.0160	0.0172	−0.0631	−0.0558
1.00	1.00	0.00157	0.00160	0.0227	0.0231	0.0168	0.0180	−0.0600	−0.0550
	0.95	0.00178	0.00182	0.0229	0.0234	0.0194	0.0207	−0.0629	−0.0599
	0.90	0.00201	0.00206	0.0228	0.0234	0.0223	0.0238	−0.0656	−0.0653
	0.85	0.00227	0.00233	0.0225	0.0231	0.0255	0.0273	−0.0683	−0.0711
	0.80	0.00256	0.00262	0.0219	0.0224	0.0290	0.0311	−0.0707	−0.0772
	0.75	0.00286	0.00294	0.0208	0.0214	0.0329	0.0354	−0.0729	−0.0837
	0.70	0.00319	0.00327	0.0194	0.0200	0.0370	0.0400	−0.0748	−0.0903
	0.65	0.00352	0.00365	0.0175	0.0182	0.0412	0.0446	−0.0762	−0.0970
	0.60	0.00386	0.00403	0.0153	0.0160	0.0454	0.0493	−0.0773	−0.1033
	0.55	0.00419	0.00437	0.0127	0.0133	0.0496	0.0541	−0.0780	−0.1093
	0.50	0.00449	0.00463	0.0099	0.0103	0.0534	0.0588	−0.0784	−0.1146

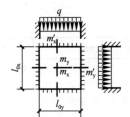

挠度＝表中系数$\times\dfrac{ql_0^4}{B_c}$；

$\mu=0$，弯矩＝表中系数$\times ql_0^2$；

式中 l_0 取用 l_{0x} 和 l_{0y} 中之较小者。

附表 A-6

l_{0x}/l_{0y}	f	m_x	m_y	m_x'	m_y'
0.50	0.00253	0.0400	0.0038	−0.0829	−0.0570
0.55	0.00246	0.0385	0.0056	−0.0814	−0.0571
0.60	0.00236	0.0367	0.0076	−0.0793	−0.0571
0.65	0.00224	0.0345	0.0095	−0.0766	−0.0571
0.70	0.00211	0.0321	0.0113	−0.0735	−0.0569
0.75	0.00197	0.0296	0.0130	−0.0701	−0.0565
0.80	0.00182	0.0271	0.0144	−0.0664	−0.0559
0.85	0.00168	0.0246	0.0156	−0.0626	−0.0551
0.90	0.00153	0.0221	0.0165	−0.0588	−0.0541
0.95	0.00140	0.0198	0.0172	−0.0550	−0.0528
1.00	0.00127	0.0176	0.0176	−0.0513	−0.0513

附录 B 等截面等跨连续梁在常用荷载作用下的内力系数表

1. 在均布及三角形荷载作用下

$$M = 表中系数 \times ql_0^2, \quad V = 表中系数 \times ql_0$$

2. 在集中荷载作用下

$$M = 表中系数 \times Fl_0, \quad V = 表中系数 \times F$$

3. 内力正负号规定

M——使截面上部受压、下部受拉为正；

V——对邻近截面所产生的力矩沿顺时针方向者为正。

两跨梁 附表 B-1

荷载图	跨内最大弯矩		支座弯矩	剪力		
	M_1	M_2	M_B	V_A	$V_{B左}$ $V_{B右}$	V_C
	0.070	0.070	−0.125	0.375	−0.625 0.625	−0.375
	0.096	—	−0.063	0.437	−0.563 0.063	−0.063
	0.156	0.156	−0.188	0.312	−0.688 0.688	−0.312
	0.203	—	−0.094	0.406	−0.594 0.094	−0.094
	0.222	0.222	−0.333	0.667	−1.333 1.333	−0.667
	0.278	—	−0.167	0.833	−1.167 0.167	−0.167

三跨梁 附表 B-2

荷载图	跨内最大弯矩		支座弯矩		剪力			
	M_1	M_2	M_B	M_C	V_A	$V_{B左}$ $V_{B右}$	$V_{C左}$ $V_{C右}$	V_D
	0.080	0.025	−0.100	−0.100	0.400	−0.600 0.500	−0.500 0.600	−0.400
	0.101	—	−0.050	−0.050	0.450	−0.550 0	0 0.550	−0.450

荷载图	跨内最大弯矩		支座弯矩		剪力			
	M_1	M_2	M_B	M_C	V_A	$V_{B左}$ $V_{B右}$	$V_{C左}$ $V_{C右}$	V_D
		0.075	−0.050	−0.050	0.050	−0.050 0.500	−0.500 0.050	0.050
	0.073	0.054	−0.117	−0.033	0.383	−6.17 0.583	−0.417 0.033	0.033
	0.094	—	−0.067	0.017	0.433	−0.567 0.083	−0.083 −0.017	−0.017
	0.175	0.100	−0.150	−0.150	0.350	−0.650 0.500	−0.500 0.650	−0.350
	0.213	—	−0.075	−0.075	0.425	−0.575 0	0 0.575	−0.425
	—	0.175	−0.075	−0.075	−0.075	−0.075 0.500	−0.500 0.075	0.075
	0.162	0.137	−0.175	−0.050	0.325	−0.675 0.625	−0.375 0.050	0.050
	0.200	—	−0.100	0.025	0.400	−0.600 0.125	0.125 −0.125	−0.025
	0.244	0.067	−0.267	−0.267	0.733	−1.267 1.000	−1.000 1.267	−0.733
	0.289	—	−0.133	−0.133	0.866	−1.134 0	0 1.134	−0.866
	—	0.200	−0.133	−0.133	−0.133	−0.133 1.000	−1.000 0.133	0.133
	0.229	0.170	−0.311	−0.089	0.689	−1.311 1.222	−0.778 0.089	0.089
	0.274	—	−0.178	0.044	0.822	−1.178 0.222	0.222 −0.044	−0.044

四跨梁

荷载图	跨内最大弯矩				支座弯矩			剪力				
	M_1	M_2	M_3	M_4	M_B	M_C	M_D	V_A	$V_{B左}$ $V_{B右}$	$V_{C左}$ $V_{C右}$	$V_{D左}$ $V_{D右}$	V_E
	0.077	0.036	0.036	0.077	−0.107	−0.071	−0.107	−0.393	−0.607 0.536	−0.464 0.464	−0.536 0.607	−0.393
	0.100	—	0.081	—	−0.054	−0.036	−0.054	0.446	−0.554 0.018	0.018 0.482	−0.518 0.054	0.054
	0.072	0.061	—	0.098	−0.121	−0.018	−0.058	0.380	−0.620 0.603	−0.397 0.040	−0.040 0.558	−0.442
	—	0.056	0.056	—	−0.036	0.107	−0.036	−0.036	−0.036 0.429	−0.571 0.571	−0.429 0.036	0.036
	0.094	—	—	—	−0.067	0.018	−0.004	0.433	−0.567 0.085	0.085 −0.022	−0.022 0.004	0.004
	—	0.074	—	—	−0.049	−0.054	0.013	−0.049	−0.049 0.496	−0.504 0.067	0.067 −0.013	−0.013
	0.169	0.116	0.116	0.169	−0.161	−0.107	−0.161	0.339	−0.661 0.554	−0.446 0.446	−0.554 0.661	−0.339
	0.210	0.116	0.180	—	−0.089	−0.054	−0.080	0.420	−0.580 0.027	0.027 0.473	−0.527 0.080	0.080
	0.159	0.146	—	0.206	−0.181	−0.027	−0.087	0.319	−0.681 0.654	−0.346 −0.060	−0.060 0.587	−0.413

147

续表

荷载图	跨内最大弯矩				支座弯矩			剪力				
	M_1	M_2	M_3	M_4	M_B	M_C	M_D	V_A	$V_{B左}$ / $V_{B右}$	$V_{C左}$ / $V_{C右}$	$V_{D左}$ / $V_{D右}$	V_E
(荷载图)	—	0.142	0.142	—	−0.054	−0.161	−0.054	0.054	−0.054 / 0.393	−0.607 / −0.607	−0.393 / 0.054	0.054
(荷载图)	0.200	—	—	—	−0.100	0.027	−0.007	0.400	−0.600 / 0.127	0.127 / −0.033	−0.033 / 0.007	0.007
(荷载图)	—	0.173	0.111	—	−0.074	−0.080	0.020	−0.074	−0.074 / 0.493	−0.507 / 0.100	0.100 / −0.020	−0.020
(荷载图)	0.238	0.111	0.222	0.238	−0.286	−0.191	−0.286	0.714	−1.286 / 1.095	−0.905 / 0.905	−1.095 / 1.286	−0.714
(荷载图)	0.286	—	—	0.282	−0.143	−0.095	−0.143	0.857	−1.143 / 0.048	0.048 / 0.952	−1.048 / 0.143	0.143
(荷载图)	0.226	0.194	0.175	—	−0.321	−0.048	−0.155	0.679	−1.321 / 1.274	−0.726 / −0.107	−0.107 / 1.155	−0.845
(荷载图)	—	0.175	—	—	−0.095	−0.286	−0.095	−0.095	−0.095 / 0.810	−1.190 / 1.190	−0.810 / 0.095	0.095
(荷载图)	0.274	—	—	—	−0.178	0.048	−0.012	0.822	−1.178 / 0.226	0.226 / −0.060	−0.060 / 0.012	0.012
(荷载图)	—	0.198	—	—	−0.131	−0.143	0.036	−0.131	−0.131 / 0.988	−1.012 / 0.178	0.178 / −0.036	−0.036

五跨梁

荷载图	跨内最大弯矩			支座弯矩				剪力					
	M_1	M_2	M_3	M_B	M_C	M_D	M_E	V_A	$V_{B左}$ / $V_{B右}$	$V_{C左}$ / $V_{C右}$	$V_{D左}$ / $V_{D右}$	$V_{E左}$ / $V_{E右}$	V_F
	0.078	0.033	0.046	−0.105	−0.079	−0.079	−0.105	0.394	−0.606 / 0.526	−0.474 / 0.500	−0.500 / 0.474	−0.526 / 0.606	−0.394
	0.100	—	0.085	−0.053	−0.040	−0.040	−0.053	0.447	−0.553 / 0.013	0.013 / 0.500	−0.500 / −0.013	−0.013 / −0.553	−0.447
	—	0.079	—	−0.053	−0.040	−0.040	−0.053	0.053	−0.053 / 0.513	0.487 / 0	0 / 0.487	−0.513 / 0.053	0.053
	0.073	②0.059 / 0.078	—	−0.119	−0.022	−0.044	−0.051	0.380	−0.620 / 0.598	−0.402 / −0.023	−0.023 / 0.493	−0.507 / 0.052	0.052
	① — / 0.098	0.055	0.064	−0.035	−0.111	−0.020	−0.057	−0.035	−0.035 / 0.424	−0.576 / 0.591	−0.409 / −0.037	−0.037 / 0.557	−0.443
	0.094	—	—	−0.049	−0.054	−0.005	0.001	0.443	−0.567 / 0.085	0.085 / −0.023	−0.023 / 0.006	0.006 / −0.001	−0.001
	—	0.074	—	−0.049	−0.054	0.014	−0.004	−0.049	−0.049 / 0.495	−0.505 / 0.068	0.068 / −0.018	−0.018 / 0.004	0.004
	—	—	0.072	0.013	−0.053	−0.053	0.013	0.013	0.013 / −0.066	−0.066 / 0.500	−0.500 / 0.066	0.066 / −0.013	−0.013

149

续表

荷载图	跨内最大弯矩			支座弯矩				剪力					
	M_1	M_2	M_3	M_B	M_C	M_D	M_E	V_A	$V_{B左}$ / $V_{B右}$	$V_{C左}$ / $V_{C右}$	$V_{D左}$ / $V_{D右}$	$V_{E左}$ / $V_{E右}$	V_F
(荷载图)	0.171	0.112	0.132	−0.158	−0.118	−0.118	−0.158	0.342	−0.658 / 0.540	−0.460 / 0.500	−0.500 / 0.460	−0.540 / 0.658	−0.342
(荷载图)	0.211	—	0.191	−0.079	−0.059	−0.059	−0.079	0.421	−0.579 / 0.020	0.020 / 0.500	−0.500 / −0.020	−0.020 / 0.579	−0.421
(荷载图)	—	0.181	—	−0.079	−0.059	−0.059	−0.079	0.079	−0.079 / 0.520	−0.480 / 0	0 / 0.480	−0.520 / 0.079	0.079
(荷载图)	0.160	②0.144 / 0.178	—	−0.179	−0.032	−0.066	−0.077	0.321	−0.679 / 0.647	−0.353 / −0.034	−0.034 / 0.489	−0.511 / 0.077	0.077
(荷载图)	①— / 0.207	0.140	0.151	−0.052	−0.167	−0.031	−0.086	−0.052	−0.052 / 0.385	−0.615 / 0.637	−0.363 / −0.056	−0.056 / 0.586	−0.414
(荷载图)	0.200	—	—	−0.100	0.027	−0.007	0.002	0.400	−0.600 / 0.127	0.127 / −0.031	−0.031 / 0.009	0.009 / −0.002	−0.002
(荷载图)	—	0.173	—	−0.073	−0.081	0.022	−0.005	−0.073	−0.073 / 0.493	−0.507 / 0.102	0.102 / 0.027	−0.027 / 0.005	0.005
(荷载图)	—	—	0.171	0.020	−0.079	−0.079	0.020	0.020	0.020 / −0.099	−0.099 / 0.500	−0.500 / 0.099	0.099 / −0.020	−0.020

荷载图	跨内最大弯矩			支座弯矩				剪力					
	M_1	M_2	M_3	M_B	M_C	M_D	M_E	V_A	$V_{B左}$ $V_{B右}$	$V_{C左}$ $V_{C右}$	$V_{D左}$ $V_{D右}$	$V_{E左}$ $V_{E右}$	V_F
(荷载图)	0.240	0.100	0.122	−0.281	−0.211	−0.211	−0.281	0.719	−1.281 1.070	−0.930 1.000	−1.000 0.930	−1.070 1.281	−0.719
(荷载图)	0.287	—	0.228	−0.140	−0.105	−0.105	−0.140	0.860	−1.140 0.035	0.035 1.000	−0.100 −0.035	−0.035 1.140	−0.860
(荷载图)	—	0.216	—	−0.140	−0.105	−0.105	−0.140	−0.140	−1.140 1.035	−0.965 0	0.000 0.965	−1.035 0.140	0.140
(荷载图)	$\dfrac{①}{0.227}$	$\dfrac{②0.189}{0.209}$	0.198	−0.319	−0.057	−0.118	−0.137	0.681	−1.319 1.262	−0.738 −0.061	−0.061 0.981	−1.019 0.137	0.137
(荷载图)	$\dfrac{①}{0.282}$	—	—	−0.093	−0.297	−0.054	−0.153	−0.093	−0.093 0.796	−1.204 1.243	−0.757 −0.099	−0.099 1.153	−0.847
(荷载图)	0.274	—	0.198	−0.179	0.048	−0.013	0.003	0.821	−1.179 0.227	0.227 −0.061	−0.061 0.016	0.016 −0.003	−0.003
(荷载图)	—	0.198	—	−0.131	−0.144	0.038	−0.010	−0.131	−0.131 0.987	−1.013 0.182	0.182 −0.048	−0.048 0.010	0.010
(荷载图)	—	—	0.193	0.035	−0.140	−0.140	0.035	0.035	0.035 −0.175	−0.175 1.000	−1.000 0.175	0.175 −0.035	−0.035

注：①分子及分母分别为 M_1 及 M_3 的弯矩系数；②分子及分母分别为 M_2 及 M_B 的弯矩系数。

附录 B 等截面等跨连续梁在常用荷载作用下的内力系数表

附录 C　北京起重运输机械研究所 5～50/10t 吊钩桥式起重机技术资料

起重量 (t)	单位	5								10								16/3.2							
吊车跨度	m	10.5	13.5	16.5	19.5	22.5	25.5	28.5	31.5	10.5	13.5	16.5	19.5	22.5	25.5	28.5	31.5	10.5	13.5	16.5	19.5	22.5	25.5	28.5	31.5
起升高度	m	16								16								16							
大车速度 (m/min) A5		89.1					91.3			89.1		91.3			93.0			92.0	93.0		89.1		83.0		83.9
大车速度 (m/min) A6		116.9						118.1		118.1				116.9				116.9			118.1			105.4	
主要尺寸 H	mm	2067								2239								2336							
主要尺寸 H₁	mm	518								518								593					653		
主要尺寸 b	mm	238								238								273					283		
主要尺寸 B	mm	5622					5822	6722		5922								5922		6322				6922	
主要尺寸 W	mm	3850			4100			5000		4000			4100			5000		4000			4400			5000	
小车重量 A5	kg	2617								4084								6765							
小车重量 A6	kg	2762								4234								6987							
起重机总重量 A5	t	13.6	15.1	17.4	19.4	21.4	25.2	28.1	30.9	15.7	17.5	19.4	21.7	23.9	28.7	31.6	34.6	20.4	22.7	24.0	27.0	29.4	33.6	36.7	39.8
起重机总重量 A6	t	13.9	15.3	17.6	19.6	21.7	25.6	28.4	31.2	16.1	17.9	19.9	22.1	24.3	29.3	32.2	35.2	21.2	23.5	25.1	27.6	30.6	34.7	37.8	40.9
轮压 A5 最大	kN	63.7	68.6	74.5	80.4	87.2	96.0	107.0	115.6	100.6	106.8	109.8	117.6	127.4	137.2	147.0	158.8	142.1	152.9	156.8	172.5	183.3	195.0	205.8	215.6
轮压 A5 最小	kN	27.5	30.0	35.4	39.3	42.3	52.1	55.4	60.5	25.1	28.1	34.5	37.9	38.9	52.6	57.1	60.0	36.4	39.4				48.3	52.7	58.1
轮压 A6 最大	kN	63.7	68.6	74.5	80.4	87.2	96.0	107.0	115.6	100.6	106.8	109.8	117.6	127.4	137.2	147.0	158.8	142.1	152.9	156.8	172.5	183.3	195.0	205.8	215.6
轮压 A6 最小	kN	29.0	31.0	36.4	40.3	43.7	54.1	56.8	61.9	27.1	30.0	36.9	39.9	40.8	55.6	60.0	63.0	40.4	40.9	44.8	45.3	53.7		58.1	63.5
轨道型号		38kg/m								43kg/m								43kg/m							

20/5

起重量 t	10.5	13.5	16.5	19.5	22.5	25.5	28.5	31.5
起升高度 m				12				
大车速度(m/min) A5		93.0				83.9		
大车速度(m/min) A6		116.9				105.4		
主要尺寸 H (mm)				2340				
主要尺寸 H₁ (mm)		593				653		
主要尺寸 b (mm)		273				283		
主要尺寸 B (mm)	5972		6322			6922		
主要尺寸 W (mm)	4000		4400			5000		
小车重量 A5 (kg)				7427				
小车重量 A6 (kg)				7786				
吊车总重量 A5 (t)	21.5	23.8	25.9	29.6	32.0	37.0	39.8	43.2
吊车总重量 A6 (t)	22.5	24.8	27.1	30.3	32.7	37.7	40.5	43.9
轮压 A5 最大 (kN)	166.6	176.4	191.1	202.9	211.7	224.4	236.2	247.0
轮压 A5 最小 (kN)	37.0	38.4	40.4	43.4	55.2	57.1	63.0	63.0
轮压 A6 最大 (kN)	166.6	176.4	191.1	202.9	211.7	224.4	236.2	247.0
轮压 A6 最小 (kN)	41.9	43.3	46.8	55.2	57.1	58.6	60.6	66.5
轨道型号				43kg/m				

32/8

起重量 t	10.5	13.5	16.5	19.5	22.5	25.5	28.5	31.5
起升高度 m				16				
大车速度(m/min) A5				75.0			83.9	
大车速度(m/min) A6				95.0			105.4	
主要尺寸 H (mm)	2542	2546				2671		
主要尺寸 H₁ (mm)		653				753		
主要尺寸 b (mm)		283				318		
主要尺寸 B (mm)	6562		6622			6642		
主要尺寸 W (mm)	4600		4800			5000		
小车重量 A5 (kg)				12012				
小车重量 A6 (kg)				12466				
吊车总重量 A5 (t)	27.8	31.3	33.5	39.9	42.4	47.0	50.5	54.1
吊车总重量 A6 (t)	28.7	32.0	34.2	40.8	43.3	48.0	51.5	55.1
轮压 A5 最大 (kN)	225.4	246.0	255.8	271.5	281.3	296.0	305.8	319.5
轮压 A5 最小 (kN)	67.9	63.5	65.5	81.2	83.7	91.5	98.8	102.8
轮压 A6 最大 (kN)	225.4	246.0	255.8	271.5	281.3	296.0	305.8	319.5
轮压 A6 最小 (kN)	72.3	67.9	68.9	85.6	88.1	96.4	103.8	107.7
轨道型号				QU70				

50/10

起重量 t	10.5	13.5	16.5	19.5	22.5	25.5	28.5	31.5
起升高度 m				12				
大车速度(m/min) A5			75.4				76.8	
大车速度(m/min) A6			96.7				96.9	
主要尺寸 H (mm)	2891	2893	2895		2899			
主要尺寸 H₁ (mm)				753				
主要尺寸 b (mm)				318				
主要尺寸 B (mm)				6662				
主要尺寸 W (mm)	4700		4800			5000		
小车重量 A5 (kg)				15763				
小车重量 A6 (kg)				16554				
吊车总重量 A5 (t)	36.2	39.3	42.6	47.0	51.2	57.3	61.9	65.4
吊车总重量 A6 (t)	37.3	40.4	43.7	48.1	52.4	60.8	65.4	68.9
轮压 A5 最大 (kN)	336.1	355.7	375.3	396.7	406.7	426.3	437.5	454.2
轮压 A5 最小 (kN)	86.7	82.3	78.9	89.7	100.0	111.3	111.8	
轮压 A6 最大 (kN)	336.1	355.7	375.3	396.7	406.7	426.3	437.5	454.2
轮压 A6 最小 (kN)	92.1	84.3	95.6	84.3	117.1	128.5	129.0	
轨道型号				QU70				

注：表中最大轮压及最小轮压为荷载标准值。

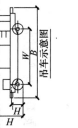

吊车示意图

附录 D 单阶柱柱顶反力系数表

序号	荷载情况	R_a	$C_1 \sim C_9$
1		$-\dfrac{M}{H}C_1$	$C_1 = \dfrac{3}{2} \times \dfrac{1-\lambda^1\left(1-\dfrac{1}{n}\right)}{S}$
2		$-\dfrac{M}{H}C_2$	$C_2 = \dfrac{3}{2} \times \dfrac{1-\lambda^2}{S}$
3		$-\dfrac{M}{H}C_3$	$C_3 = \dfrac{3}{2} \times \dfrac{1+\lambda^2\left(\dfrac{1-a^2}{n}-1\right)}{S}$
4		$-\dfrac{M}{H}C_4$	$C_4 = \dfrac{3}{2} \times \dfrac{2b(1-\lambda)-b^2(1-\lambda)^2}{S}$
5		$-ZC_5$	$C_5 = \dfrac{2-3a\lambda+\lambda^3\left[\dfrac{(2+a)(1-a)^2}{n}-(2-3a)\right]}{2S}$
6		$-qHC_6$	$C_6 = \dfrac{3}{8} \times \dfrac{1+\lambda^4\left(\dfrac{1}{n}-1\right)}{S}$
7		$-qHC_7$	$C_7 = \dfrac{8\lambda-6\lambda^2+\lambda^4\left(\dfrac{3}{n}-2\right)}{8S}$
8		$-qHC_8$	$C_8 = \dfrac{(1-\lambda)^2(3+\lambda)}{8S}$
9		$-qHC_9$	$C_9 = \dfrac{3}{8} \times \dfrac{1+\lambda^4\left(\dfrac{1}{n}-1\right)}{S} - \dfrac{1}{10} \times \dfrac{1+\lambda^5\left(\dfrac{1}{n}-1\right)}{S}$

注：$n=\dfrac{I_s}{I_x}, \lambda=\dfrac{H_s}{H}, 1-\lambda=\dfrac{H_x}{H}, S=1+\lambda^3\left(\dfrac{1}{n}-1\right)$

附录 E 阶梯形承台及锥形承台斜截面受剪的截面宽度

E.1 对于阶梯形承台分别在变阶处（A_1-A_1，B_1-B_1）及柱边处（A_2-A_2，B_2-B_2）进行斜截面受剪计算，如图 E-1 所示，并应符合下列规定：

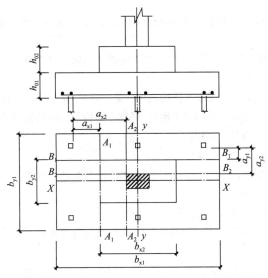

附图 E-1　阶梯形承台斜截面受剪计算

（1）计算变阶处截面 A_1-A_1、B_1-B_1 的斜截面受剪承载力时，其截面有效高度均为 h_{01}，截面计算宽度分别为 b_{y1} 和 b_{x1}。

（2）计算柱边截面 A_2-A_2、B_2-B_2 处的斜截面受剪承载力时，其截面有效高度均为 $h_{01}+h_{02}$，其截面计算宽度按下式进行计算：

对 A_2-A_2

$$b_{y0} = \frac{b_{y1} \cdot h_{01} + b_{y2} \cdot h_{02}}{h_{01} + h_{02}} \quad \text{(E-1)}$$

对 B_2-B_2

$$b_{x0} = \frac{b_{x1} \cdot h_{01} + b_{x2} \cdot h_{02}}{h_{01} + h_{02}} \quad \text{(E-2)}$$

E.2 对于锥形承台应对 $A-A$ 及 $B-B$ 两个截面进行受剪承载力计算，如图 E-2 所示，截面有效高度均为 h_0，截面计算宽度按下式计算：

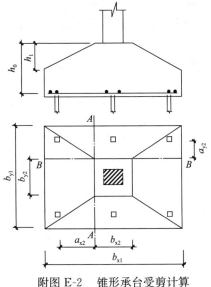

附图 E-2　锥形承台受剪计算

对 $A-A$　　$$b_{y0} = \left[1 - 0.5 \frac{h_1}{h_0} \left(1 - \frac{b_{y2}}{b_{y1}}\right)\right] b_{y1} \quad \text{(E-3)}$$

对 $B-B$　　$$b_{x0} = \left[1 - 0.5 \frac{h_1}{h_0} \left(1 - \frac{b_{x2}}{b_{x1}}\right)\right] b_{x1} \quad \text{(E-4)}$$

参 考 文 献

[1] 陈光，成虎. 建设项目全寿命期目标体系研究 [J]. 土木工程学报，2004，37 (10)：87-91.

[2] 中国建筑科学研究院. GB 50010—2010 混凝土结构设计规范 [S]. 北京：中国建筑工业出版社，2010.

[3] 沈蒲生，梁兴文，等. 混凝土结构设计（第 4 版）. 北京：高等教育出版社，2012.

[4] 程文瀼等主编. 混凝土结构（中册）：混凝土结构与砌体结构设计（第五版）. 北京：中国建筑工业出版社，2012.

[5] 09SG117-1 单层工业厂房设计示例（一）.

[6] 中国建筑科学研究院. GB 50007—2011 建筑地基基础设计规范 [S]. 北京：中国建筑工业出版社，2011.

[7] 08G118 单层工业厂房设计选用（上下册）.

[8] 中国建筑科学研究院. GB 50009—2012 建筑结构荷载规范 [S]. 北京：中国建筑工业出版社，2012.

[9] 梁兴文. 混凝土结构设计原理（第四版）[M]. 北京：高等教育出版社，2002.

[10] 东南大学，同济大学，天津大学. 混凝土结构与砌体结构设计（第四版）[M]. 北京：中国建筑工业出版社，2005

[11] 顾祥林. 建筑混凝土结构设计 [M]. 上海：同济大学出版社，2011.

[12] 卜良桃，周靖，叶蓁. 混凝土结构加固设计规范算例. 北京：中国建筑工业出版社，2008.

[13] 四川省建筑科学研究院. GB 50367—2013 混凝土结构加固设计规范 [S]. 北京：中国建筑工业出版社，2013.

[14] 张洪学，张峻然. 钢筋混凝土结构概念、计算与设计 [M]. 北京：中国建筑工业出版社，1992.

[15] 方鄂华. 高层建筑钢筋混凝土结构概念设计 [M]. 北京：机械工业出版社，2004.

[16] 薛建阳，王威. 混凝土结构设计 [M]. 北京：中国电力出版社，2010.

[17] 薛志成，程东辉. 混凝土结构设计 [M]. 北京：中国计量出版社，2009.

[18] 梁兴文，史庆轩. 混凝土结构设计 [M]. 北京：中国建筑工业出版社，2009.

[19] 江见鲸，郝亚民. 建筑概念设计与选型 [M]. 北京：机械工业出版社，2004.

[20] 刘禹，张建新. 建筑结构-概念，原理与设计 [M]. 大连：东北财经大学出版社，2010.

[21] 罗福午，张惠英，杨军. 建筑结构概念设计与案例 [M]. 北京：清华大学出版社，2003.

[22] 金伟良，牛荻涛. 工程结构耐久性与全寿命设计理论 [J]. 工程力学，2011，28（增刊Ⅱ）：31-37.

[23] [美] 艾伦. 威廉斯. 钢筋混凝土结构设计 [M]. 北京：中国水利水电出版社，2002.

[24] 蔡建国，王蜂岚，冯健，韩运龙. 建筑结构连续倒塌概念设计 [J]. 工业建筑，

2011, 41 (2)：74-77.

[25] 金伟良，钟小平，胡琦忠. 可持续发展工程结构全寿命周期设计理论体系研究 [J]. 防灾减灾工程学报，2010，30（增刊）：402-406.

[26] 徐立杰，延伟涛，蒋丽丽. 浅谈结构抗倒塌的概念设计 [J]. 建设科技，2010，22：87-88.

高等学校土木工程学科专业指导委员会规划教材（专业基础课）
（按高等学校土木工程本科指导性专业规范编写）

征订号	书　名	定价	作者	备　注
V21081	高等学校土木工程本科指导性专业规范	21.00	高等学校土木工程学科专业指导委员会	
V20707	土木工程概论（赠送课件）	23.00	周新刚	土建学科专业"十二五"规划教材
V22994	土木工程制图（含习题集、赠送课件）	68.00	何培斌	土建学科专业"十二五"规划教材
V20628	土木工程测量（赠送课件）	45.00	王国辉	土建学科专业"十二五"规划教材
V21517	土木工程材料（赠送课件）	36.00	白宪臣	土建学科专业"十二五"规划教材
V20689	土木工程试验（含光盘）	32.00	宋　彧	土建学科专业"十二五"规划教材
V19954	理论力学（含光盘）	45.00	韦　林	土建学科专业"十二五"规划教材
V20630	材料力学（赠送课件）	35.00	曲淑英	土建学科专业"十二五"规划教材
V21529	结构力学（赠送课件）	45.00	祁　皑	土建学科专业"十二五"规划教材
V20619	流体力学（赠送课件）	28.00	张维佳	土建学科专业"十二五"规划教材
V23002	土力学（赠送课件）	39.00	王成华	土建学科专业"十二五"规划教材
V22611	基础工程（赠送课件）	45.00	张四平	土建学科专业"十二五"规划教材
V22992	工程地质（赠送课件）	35.00	王桂林	土建学科专业"十二五"规划教材
V22183	工程荷载与可靠度设计原理（赠送课件）	28.00	白国良	土建学科专业"十二五"规划教材
V23001	混凝土结构基本原理（赠送课件）	45.00	朱彦鹏	土建学科专业"十二五"规划教材
V20828	钢结构基本原理（赠送课件）	40.00	何若全	土建学科专业"十二五"规划教材
V20827	土木工程施工技术（赠送课件）	35.00	李慧民	土建学科专业"十二五"规划教材
V20666	土木工程施工组织（赠送课件）	25.00	赵　平	土建学科专业"十二五"规划教材
V20813	建设工程项目管理（赠送课件）	36.00	臧秀平	土建学科专业"十二五"规划教材
V21249	建设工程法规（赠送课件）	36.00	李永福	土建学科专业"十二五"规划教材
V20814	建设工程经济（赠送课件）	30.00	刘亚臣	土建学科专业"十二五"规划教材